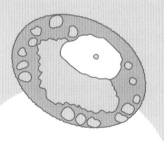

搞懂

「發酵」

看這一本
就對了！

齋藤勝裕 著
Katsuhiro Saito

林美琪 譯

● 前言 ●

近年來，隨著健康意識的提高，人們益發關注「發酵」這個議題。發酵是微生物所進行的一種行為。微生物作用於食品上，促其改變而引起「發酵」，但它也有「腐敗」的另一面。

發酵與腐敗的區別在於「是否對於人們有益」。使食品的品質惡化而變成有害物質是腐敗，反之，提高食品的氣味與滋味，並增加營養成分則是發酵。

微生物的種類繁多，但與發酵有關的主要是麴、酵母和乳酸菌。麴可將澱粉等分解為葡萄糖，酵母作用於葡萄糖而產生酒精與二氧化碳。酒就是利用這種酒精製成的，而麵包則是利用二氧化碳製成的。

提到乳酸菌，人們通常會想到優格。如果沒有乳酸菌，日本人必吃的漬物，也就只是簡單的「蔬菜與鹽水的混合物」罷了。漬物具有特別的香氣與滋味，都是因為乳酸菌的乳酸發酵。

乳酸菌也作用在酒類上，例如日本酒釀造技術中有所謂的「山廢」，指的就是乳酸菌的種類。拜乳酸菌之賜，酵母可以在不受雜菌干擾的情況下進行酒精發酵。總之，乳酸菌對許多食品都有正面的影響。

事實上，發酵並不限於食品。製作大麻繩、和紙等，都會利用到發酵。要分解植物來萃取纖維質，最好的方法就是利用發酵。

不僅如此，陶器等燒製品也利用了發酵。陶器是由黏土成形再放入窯中燒製而成，但這種黏土是混合各個地方的黏土後保存（養土）起來的，易於成形與燒製，並具有獨特的風味。在保存期間，黏土中的有機物會發酵而提高黏土的品質。當然，一旦燒成，微生物就會消失。

提到發酵，人們往往會聯想到食品或農業領域，但現代的發酵技術已擴展至科學工業面，成為一門「發酵科學」了。例如，由發酵產生的熱能，正用於工業能源或區域供暖；甚至人們擔憂終將耗盡的石油，也可能藉微生物之力從二氧化碳中製造出來。此外，人們也正利用微生物生產的乳酸等有機物，製造出更易於自然分解的塑膠原料。

本書將從科學的角度，介紹如此了不起的發酵世界。閱讀本書，你會對發酵的實用性與優異性感到驚艷，甚至對能夠產生這些作用的微生物生起一股親切感。

最後，感謝為本書付出極大心力的 Beret 出版的坂東一郎先生、編集工房 Siracusa 的畑中隆先生，以及成為我參考資料來源的諸位作者先進，當然還有出版社全體同仁，感恩。

齋藤　勝裕

CONTENTS

第 **1** 章

微生物
帶來的禮物
——發酵食品！

1-1

 ## 被發酵食品圍繞著的日常生活

——味噌湯、麵包、酒⋯⋯滋潤生活的種種發酵食品

　　發酵指的是「對人類有益的微生物活動」。換句話說，就是借助微生物的力量，將食品轉變成我們喜歡的樣子。

　　不過，微生物並非總是依照我們的喜好行事，有時食品會因微生物的作用而變成有害物質，這時就不叫做發酵，而是腐敗了。

圖 1 - 1 ● 發酵？腐敗？「從人類的角度來區別」

發酵　　　　　腐敗

優格

有機酸

阿摩尼亞

胺

　　因此，從科學的角度來看，發酵與腐敗可說是同一種現象，只是，從人類的角度來看，結果對我們有利的就是發酵，結果對我們不利的

就是腐敗。

食品發酵後，原本的味道、氣味與口感都會改變，味道變得更加濃厚，氣味變得更加強烈，從而提高了食品的品質。這點只要想一下發酵食品就能明白了。

各位不妨想一下昨天的晚餐吧！也許你喝了味噌湯？這味噌就是大豆發酵來的，也是日本傳統飲食的代表——發酵食品。

不只味噌湯，如果有在玉子燒加上了醬油，那醬油也是大豆的發酵食品。

大家應該吃過鹽烤鮭魚吧？那個鮭魚是用鹽巴醃漬過的。但如果「只是將鮭魚與鹽巴拌在一起」，味道不會那麼誘人。沒錯，鹽漬鮭魚也是發酵食品。

你也吃過醬菜吧？醬菜就是典型的發酵食品。無論是醃白菜、醃茄子，還是醃黃蘿蔔，都是發酵食品。納豆是發酵食品就更不用說了。日本傳統飲食「和食」根本就是發酵食品的寶庫。

「早餐吃麵包」的洋食派就與發酵無關了嗎？當然不是。不僅和食，各種洋食也都離不開發酵食品。

首先是麵包。麵包不是只將麵粉與水混合後烘烤而已，在攪拌麵粉與水的時候，會加入酵母菌（yeast）。

酵母是由麵粉生成的葡萄糖進行酒精發酵*，產生酒精（乙醇 CH_3CH_2OH）與二氧化碳 CO_2。這二氧化碳形成麵包特有的氣泡結構，而酒精則成為麵包特有香氣的來源。

另外，作為健康食品而備受關注的優格，也是典型的發酵食品。

---

*以糖（起始物質）為基礎，分解變成酒精與二氧化碳（最終產物）的過程，稱為「酒精發酵」。

就這樣，其實我們在不知不覺中吃了許多種類的發酵食品。

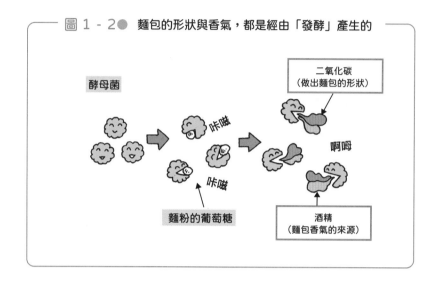

圖 1 - 2 ● 麵包的形狀與香氣，都是經由「發酵」產生的

酵母菌

咔嗞

咔嗞

麵粉的葡萄糖

二氧化碳
（做出麵包的形狀）

啊唔

酒精
（麵包香氣的來源）

不僅是食物，還有很多發酵的飲料。眾所周知，紅茶就是發酵的茶葉。不過，民間流傳「中國的綠茶在船運至英國的途中，在船上發酵就變成紅茶了」的說法是以訛傳訛，因為綠茶是經過蒸菁處理後揉捻而成，在蒸菁過程中，微生物與酵素已經遭到破壞，換句話說，在那段時間並不會發酵。

而烏龍茶與紅茶一樣，都是茶葉發酵而成的。

令人意外的是咖啡。咖啡豆會在貯藏期間發酵，對咖啡的香氣產生微妙的影響。

說到「發酵的飲料」，當然不能不提到酒，它可說是發酵食品的代表。酒是藉酵母的力量將葡萄糖進行酒精發酵而成的。不過，酒的種類繁多，各有不同的發酵程序。

最簡單明瞭的應該是葡萄酒。葡萄的甜味來自葡萄糖，而且，葡萄

的果皮上就有天然酵母，只需壓榨葡萄後儲存起來，就能靜靜地變成葡萄酒了。當然，要製作美味的葡萄酒，需要釀酒師的經驗、技巧與創意，但那就是另一回事了。

比較費工夫的是用米、麥、馬鈴薯、玉米等穀物或根菜來釀酒。米、麥、馬鈴薯等的成分是澱粉而非葡萄糖。

那麼，如何取得葡萄糖呢？這就必須先對澱粉進行水解。

日本酒就是藉麴菌這種微生物的力量來進行水解的。因此，日本酒是用麴菌與酵母菌這兩個不同的菌種，進行兩階段的發酵程序而製成的。

而使用麥子製作的啤酒與威士忌，首先需要讓麥子發芽成麥芽；這些麥芽中的酵素可以分解澱粉。然後，進行酒精發酵，將產生的酒液與啤酒花混合即成啤酒，蒸餾後提高酒精濃度就變成威士忌。

有一種比較特別的酒，就是蒙古人喝的馬奶酒。這是以馬奶發酵而成的。聰明的你或許會想到：「馬奶是蛋白質。這樣的話，不就不會酒精發酵了？」一點也沒錯，因為蛋白質不會進行酒精發酵，這一點請記住。

不過，馬奶酒仍然是透過發酵馬奶製成的。這是因為奶的成分不只有蛋白質而已，還有乳糖。乳糖分解時，會生成葡萄糖與半乳糖這兩種糖，而葡萄糖就會進行酒精發酵。

就像這樣，我們周圍的許多食物與飲料，都是藉發酵的力量來獲得濃郁的味道與香氣，而且是從原料階段，就將口感與風味做了進一步的提升。

發酵食品的歷史

——起初純屬偶然

人類與發酵的淵源，可以追溯至人類歷史的黎明期。當時的人們應該是偶然間吃到泡在海水中的草。這不僅補充了生物極需要的鹽分，還讓草的味道與剛摘下來時不同，多了一份獨特的美味。

他們在保存獵物的過程中，應該也碰過肉類走味的情況，而且不難想像，經常是肉臭掉不能吃了。但偶然在保存條件與保存期間都恰到好處的狀況下，肉變得比剛捕獲時更加美味。這些全都是拜發酵之賜。

從各地遺址與石板上的記錄等，我們知道人類與發酵的淵源可以追溯到非常遠古的時期，最遠可以追溯到一萬五千年前。

據說，三大文明發源地中的美索不達米亞與埃及，早就在製造葡萄酒與啤酒了。世界上第一個發酵食品應該是從牛奶中偶然生成的優格，誕生於紀元前五千年，也就是距今七千年以前。

此後數千年，傳統的發酵技術透過家庭與民族的口耳相傳，不斷傳承下來。

時序進入十七世紀，荷蘭化學家安東尼‧范‧雷文霍克（Antoni van Leeuwenhoek）發明出性能卓越的顯微鏡。透過這座顯微鏡，人們注意到了微生物的存在。據此契機，微生物研究快速發展，被譽為「近代細菌學之父」的法國微生物學家路易‧巴斯德（Louis Pasteur）及其他學者的研究，揭示了發酵與腐敗是由微生物所引起

的事實。

　微生物的研究也為酒的釀造技術帶來重大革新。人們發現了進行酒精發酵的微生物──酵母，確立了使用酵母的發酵技術，得以生產出品質更高、更穩定的酒精。於是，現代豐富的飲酒文化就此蓬勃發展。

　關於日本的發酵食品，最早的紀錄可以追溯到奈良時代（710～794年）。當時的文獻中記載，人們食用以鹽巴醃製的黃瓜。到了平安時代（794～1185年），有紀錄顯示人們用酒粕與醋來醃製蔬菜，這已經是相當進步的食物了。此外，在8世紀的文獻中，也看得到以麴釀酒與醋的原型、醬油與味噌的原型等記載。

　進入平安時代，出現了專門販售麴的商店，而且發展出了一種高明的技術，就是利用灰來萃取麴菌。不難想像，從這個時候起，利用麴來進行發酵的食品，已經成為日常飲食的一部分了。

　在日本，發酵食品能夠如此普及的原因，應與四周環海有關。由於鹽巴相對容易取得，因此發展出以鹽巴來保存食材的歷史。

　新鮮的魚如果不處理，很快就會臭掉。「鰯」（沙丁魚）這個字是「魚」字部加上「弱」，意思就是捕撈上岸的魚很弱，很快就會腐敗。

　但是，如果用鹽巴將魚醃起來，就能延遲腐敗的速度。此外，從醃漬魚中滲出的水分經過過濾，可以做成類似醬油的調味料，這就是「魚醬」*。一般認為，這種將魚醃漬起來的發酵食品，應該在奈良時代

*以魚介類為原料的調味料，又叫做魚醬油、鹽魚汁等，是由魚與鹽巴一起醃漬發酵而成的，具有濃郁的鮮味。其中又以使用日本叉牙魚的秋田縣「鹽魚汁」（しょっつる），使用烏賊、沙丁魚、鯖魚的石川縣奧能登地區「魚汁」（いしる），使用玉筋魚的香川縣「玉筋魚醬油」（いかなご醬油）為代表，合稱日本三大魚醬。泰國魚露也是世界知名的魚醬。

以前就深植日本人的飲食生活中了。

2013 年，和食被列入聯合國教科文組織無形重要文化遺產，相信原因之一，就是和食的根源為醬油、味噌這類以麴菌來發酵的發酵食品。

與發酵有關的可不只食品、飲料與酒而已。微生物的力量超乎想像。話說戰爭是促進科學技術發展的原動力，這點不可否認，但微生物與發酵技術也具有同樣的力量。

第一次世界大戰期間，人們曾經進行各種嘗試，企圖利用發酵來大量製造炸藥的原料「硝化甘油」（Nitroglycerin）。由於關乎戰爭輸贏，各國爭相發展發酵技術，進而大力推動了技術革新。從這個時期開始，發酵不僅在食品領域發揮作用，還在工業領域扮演起負責大量生產的技術角色。

抗生素在第二次世界大戰中引起關注。抗生素是由微生物生產的物質，具有「抑制其他微生物的機能，並阻其增殖」的能力，因此普遍用於治療感染等疾病。世界上第一種抗生素「青黴素」（Penicillin），拯救了許多人的生命。

每一種微生物都會生產特定類型的抗生素。因此，尋找抗生素，亦即尋找微生物的研究得以發展，進而帶動微生物相關研究突飛猛進。

根據這些研究基礎，科學家開發出許多革新的技術，其中之一就是「生物控制發酵」。這是一種發酵技術，以人工控制微生物的活動，將微生物體內某些有用物質排出體外。

這種生物控制發酵產生的典型物質包括胺基酸。胺基酸是蛋白質的組成成分，總共有二十種，使用生物控制發酵技術可以生產所有的胺基酸。

而領導這種胺基酸發酵技術研究的，正是日本。第二次世界大戰結束後，日本受到食物短缺之苦，特別是蛋白質不足的問題十分嚴重，因此，許多研究機構都在進行有關蛋白質與胺基酸的研究。

　　經歷這些歷史發展，發酵已成為食品、醫療等領域中的一大產業了。

微生物是什麼？

——黴菌？病毒？細菌？浮游生物？

　　發酵是微生物在食品中引起的生化反應，但「微生物」究竟是什麼呢？

　　事實上，微生物指的是「肉眼無法判別其結構的微小生物」。這個定義似乎有些模糊，看起來像是前近代的定義。根據這個定義，我們能確定的只有「體積微小」這件事。換句話說，雖然統稱微生物，其實包括了非常多種類的生物。

　　有一部頗受小朋友喜愛的日本動畫叫《麵包超人》。在這部片裡，主角麵包超人的死對頭是黴菌人（台版譯為細菌人）。當然，他的原型是黴菌。黴菌是微生物的一種，會引起疾病，造成食物腐壞，對我們不利。那麼黴菌的種類有哪些呢？

　　有食物中毒常見的黃色葡萄球菌、附著在蛋殼上的沙門氏菌、附著在魚介類上的腸炎弧菌、引起流感的病毒等等。

　　但請等一下。微生物雖然微小，它們仍是生物。不是生物的東西不能稱為微生物。

　　那麼，再往前推，「生物的定義」是什麼呢？它指的是擁有以下三種能力的東西。

　　①能夠自行攝取養分。

　　②能夠繁殖出相同的個體。

③具有細胞結構。

前面提到的黴菌中,有一些不能滿足這三個條件,但黃色葡萄球菌、沙門氏菌、腸炎弧菌等都滿足這些條件。

不過,病毒不能滿足這三個條件。病毒只能做到②的繁殖,無法做到①自行攝取養分,它是寄生在宿主身上,竊取宿主的養分。

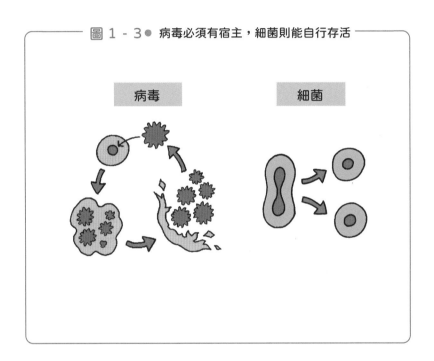

圖 1 - 3 ● 病毒必須有宿主,細菌則能自行存活

病毒

細菌

此外,病毒也沒③的細胞結構。細胞有一個由細胞膜形成的容器,裡面含有繁殖所需的裝置(DNA)與生產養分所需的裝置(酵素群),而這就是細胞結構。

然而,病毒沒有細胞膜,它只是將DNA放入由蛋白質構成的外殼中。總之,病毒不能算是「微生物」。本書是以微生物的活動為主題,因此不會介紹病毒。

微生物的大小雖然算是「小」，但小到什麼程度並沒有明確的規定。例如，有一種微生物叫「草履蟲」，體長約為0.1mm，如果用肉眼細看，還是看得到。

　　另一方面，細菌的細胞大小為1～數 μ m（微米），1 μ m等於1mm的千分之一。要保持細胞結構的完整，這似乎是最小的極限了吧（其實，病毒遠比細菌小得多）。

　　總之，這個數 μ m是微生物的最小尺寸了。當然，小到這種程度，用肉眼看的光學顯微鏡根本無法解析，必須借助電子顯微鏡才行。

1-4

微生物存在什麼地方？

——生存範圍極其有限的生物

　　微生物分布在地球上的各個生物圈。那麼，地球上的生物圈究竟有多大呢？

　　地球的直徑約為 1 萬 3000 公里。陸地上最高的是聖母峰，高度不到 1 萬公尺，也就是不到 10 公里。此外，海洋中最深的是馬里亞納海溝，深度約為 10 公里。地球上生物能夠居住的垂直範圍就這麼大而已。

　　假設，我們在黑板上畫了一個直徑 1.3 公尺的大圓圈當成地球，也就是把 1 萬 3000 公里變成 1.3 公尺。按照這個比例，地球上方 10 公里與下方 10 公里都不過是 1 毫米，兩者相加也僅有 2 毫米。換句話說，在地球上，生命體能夠繁殖的範圍極為有限。超出這個範圍，地球生物能夠存活的可能性就是「零」。

　　在如此有限的範圍內，微生物繁殖得相當旺盛，不但數量多，種類也多。它們的生活方式千差萬別，有些像植物一樣進行光合作用，有些像菌類一樣分解有機物，有些像動物一樣捕食其他的微生物，還有些是與大型動物形成寄生或共生關係。

　　有些書籍將浮游生物視為微生物。不過，有些浮游生物會長大成為水生生物，例如小蝦與蟹，這樣一來就會有個問題，到底哪個階段前算是微生物，哪個階段後就不算呢？

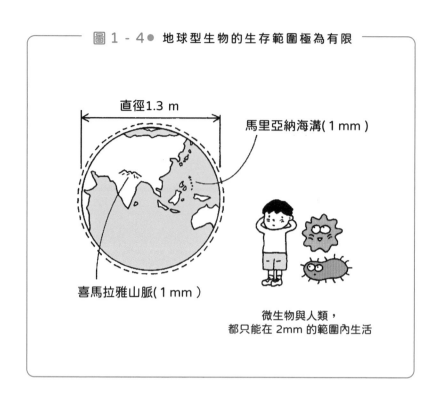

圖 1 - 4 ● 地球型生物的生存範圍極為有限

直徑1.3 m

馬里亞納海溝(1 mm)

喜馬拉雅山脈(1 mm)

微生物與人類，
都只能在 2mm 的範圍內生活

　　此外，也有人將單細胞生物視為微生物，但單細胞生物中，有些是肉眼看得到的，例如有孔蟲。

　　總之，微生物的定義仍有一些模糊之處。但無論如何，為了豐富人類的生活，我們必須保護地球環境，努力實現與微生物的共存共榮才行。

1-5

 ## 微生物的種類及作用

——透過分解食品而「有益人類」

微生物究竟是什麼？這點已在前一節討論過，那麼，各位知道微生物有哪些種類嗎？

微生物的種類繁多，大致可以分為真核生物與原核生物兩類。

所謂真核生物，指的是具有真核細胞的生物，其細胞核具有核膜，裡面包裹著 DNA，例如人類這樣的高等生物。

另一方面，原核生物指的是不具有被核膜包圍的 DNA 的生物，包括細菌、放線菌、藍藻與古菌。兩者的區別與代表性生物，請參考圖 1-5。

這些微生物，有一些可以直接食用，但不是作為日常食品，而是作為保健食品，最具代表性的就是「綠球藻」(Chlorella)。綠球藻是單細胞綠藻類的總稱，外形幾乎呈球狀，直徑約為 $2\sim10\,\mu m$，細胞中含有葉綠素而呈綠色，並且，它的光合作用能力很強，只要有二氧化碳、水與陽光，就能大量繁殖。

另外，眼蟲 (Euglena，又稱綠蟲藻) 也很有名。眼蟲是一種藻類，不需要攝取食物，只要有水、二氧化碳與光就能存活，而且富含多種營養素，通常以粉末狀作為保健食品。

不過，像綠球藻類與眼蟲這樣可直接成為食品或保健食品的例子相當

圖 1 - 5● 原核生物與眞核生物

	原核生物	眞核生物
細 胞 大 小	1〜10 μm	10〜100 μm
核 膜	×	◎
染 色 體	裸露狀態	被包裹在細胞核的內部
組 織	單細胞	單細胞、多細胞
細胞小器官	無粒線體	有許多粒線體
單細胞的例子	細菌類、藍藻類放線菌等	眼蟲、變形蟲、草履蟲等
多細胞的例子	―	人類、牛、狗、貓……

圖 1 - 6● 綠球藻的細胞

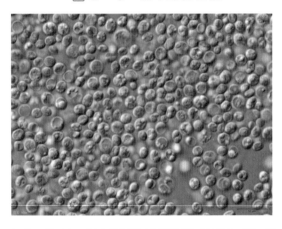

罕見。通常微生物都是用來改變食品的性質，從而為人類做出貢獻。

食品如果放著不管，會因空氣中微生物的作用而產生滋味、氣味、口感、外觀上的變化。正如前文所述，這種現象有時稱為「腐敗」，有時稱為「發酵」。

促使發酵的微生物（發酵菌），是透過分解食品來產生對人體無害或有益的化學物質。雖說如此，但微生物非常微小且結構簡單，無法合成複雜多樣的化學物質，頂多只能合成二氧化碳 CO_2 與酒精（乙醇 CH_3CH_2OH）等物質。

那麼，促使腐敗的微生物又是如何作用的呢？就像我們在魚類或肉類上看到的一樣，微生物會導致蛋白質與胺基酸等物質的分解，產生臭味，最終導致食物變成不可食用（腐敗）。

這種時候的臭味，是由胺基酸組成元素硫 S 與氮 N 所產生的化學物質引起的，例如硫化氫 H_2S，或是氨 NH_3、氨基 RNH_2* 等。

像人類這樣的大型生物，在體表與體內都有許多種類與數量的微生物共生（寄生）。其中一些微生物繁殖時，可能會對人類生活帶來不良的影響，我們稱之為病原體。

我們這種大型生物，通常都是在不知不覺中與微生物共同生活，並且互相影響著，只不過這種影響的結果並非總是對大型動物有利，必須視情況而定。

也就是說，一出生就受到人工管理，將所有微生物排除掉的動物（如無菌小老鼠等），通常會比正常情況下的個體長壽。

然而，考慮到發酵食品帶來的風味多樣性、酒帶來的生活豐富性

*氨基 RNH_2 中的「R」，一般指的是適當的碳氫化合物 $CnHm$，並非有「R」這個元素。

等，以生活品質來看，有人認為還是利大於弊。就看從哪個角度看了。

發 酵 之 窗

へしこ、豆腐糕、みき……這些你都知道嗎？

我們來介紹一些日本特有的發酵食品吧！

●へしこ（HESIKO）

主要是福井縣的地方料理，以鯖魚、沙丁魚等青魚，或是河豚等進行鹽漬，再進行米糠漬。將米糠稍微拍掉後用火炙燒，這樣的料理非常適合做成茶泡飯或下酒小菜，而新鮮的「へしこ」直接當生魚片吃也是絕美。

●豆腐餻

沖繩的地方食品。使用沖繩的島豆腐，經由米麴、紅麴（釀造紹興酒用的麴菌）、泡盛進行發酵與熟成的發酵食品。豆腐餻也叫做「唐芙蓉」，類似中國與台灣的豆腐乳。但豆腐乳為了抑制雜菌的繁殖，製造過程會用鹽巴醃漬，而豆腐餻用的不是鹽，而是泡盛。這點對豆腐餻的味道與口感有很大的影響。

●みき（MIKI）

「みき」是奄美群島與沖繩縣的傳統飲料，據說語源是獻給神明的酒「お神酒」（OMIKI）。這種飲料的原型是口嚼酒（將米之類的穀物與根菜、果實等放入口中咀嚼後吐出，再放置一段時間而成的一種酒），目前人們依然在豐年祭等場合上享用。

不過，現在的「みき」是以粳米、麥、砂糖等原料製成的乳酸飲料。

第**2**章

發酵
究竟是什麼？

2-1

麴菌、酵母菌、乳酸菌、納豆菌、醋酸菌

──製作發酵食品的各種微生物

　　提到細菌與黴菌，我們通常會聯想到腐敗、食物中毒，甚至疾病等負面印象。不過，為我們製造味噌、醬油、優格、起司等各種發酵食品的，同樣也是微生物中的細菌與黴菌。

　　因此，這一章我們將更深度地認識「發酵」。

　　各位知道製作發酵食品而有益於人類的微生物是什麼嗎？

　　根據生物學的分類，能夠製作發酵食品的微生物可分為三類。

　　首先是一般所謂的「黴菌」，包括麴菌、青黴菌、鰹節黴等。麴菌也是黴菌的一種，是不是讓你很吃驚呢？

　　第二是「細菌」，包括乳酸菌、醋酸菌、納豆菌等。

　　第三是酵母菌的同類，包括麵包酵母、啤酒酵母、清酒酵母等。

　　更具體地說，可以舉出下列五種製作日常發酵食品的微生物：

❶ 麴菌

　　日本和食文化中不可或缺的發酵食品，其中的製作關鍵物就是麴菌，是一種由蒸煮過的米或大豆所產生的絲狀真菌（黴菌）。人們經常利用以米為原料的米麴、以大豆為原料的大豆麴、以麥為原料的麥麴等。

　　在發酵過程中，由於會產生糖分與胺基酸，<u>因此以麴菌做成的發酵食品都帶有獨特的「甜味」與「鮮味」</u>。日本酒、醬油、味噌、味

酥、米醋等和食中不可或缺的發酵食品，很多都利用到了麴菌。

❷ 酵母菌

　　能將葡萄糖分解為酒精與二氧化碳的微生物就是酵母菌。它存在於自然界的任何地方，例如蔬菜與水果表面、空氣中、土壤裡。由於酵母菌能從葡萄糖中生成酒精，因此被廣泛應用於各種酒類的釀造，依用途不同有啤酒酵母、葡萄酒酵母、清酒酵母等。此外，酵母菌也用於製作麵包、味噌與醬油。

　　麵包膨脹的原因，就是因為酵母菌進行發酵產生二氧化碳，二氧化碳因加熱而膨脹所致。同時，酵母菌在發酵過程中釋放的酒精，也為麵包帶來獨特的風味。

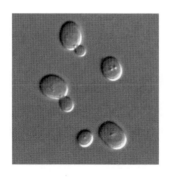

❸ 乳酸菌

以乳製品做成的發酵食品中，不可或缺的微生物就是乳酸菌。它能分解食物中的葡萄糖與乳糖，產生乳酸，不僅用於優格與起司等乳製品，也用於蔬菜的醃製物、味噌、醬油等。最近，乳酸菌更因其具有整腸功能而引起大眾關注。

目前已知有一百多種乳酸菌，分為動物性乳酸菌與植物性乳酸菌，分別存在於動物乳汁與植物葉片上。

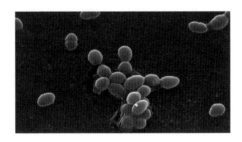

❹ 納豆菌

存在於稻草、枯草、落葉等自然界中的一種枯草桿菌，而棲息在稻草上的就叫做納豆菌。把納豆菌放入煮熟的大豆中使之發酵，就能分解蛋白質，產生胺基酸與維生素，變成會牽絲的納豆。

納豆有兩種，一種是日本式會牽絲的納豆，另一種是東南亞才有的不會牽絲的鹹味納豆。鹹味納豆不是用納豆菌發酵，而是用麴菌與鹽水。

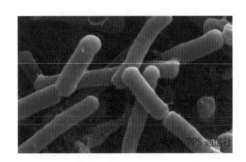

PPS 通信社

❺ 醋酸菌

這是一種能將酒精轉變為醋酸的微生物。換句話說，它能將酒中的乙醇氧化為醋酸（CH_3CO_2H）。在蒸熟的米中加入麴，進行酒精發酵製成醪*，然後加入醋酸菌進行醋酸發酵，就能做出醋。

如果原料是米就能做出米醋，是蘋果就做出蘋果醋，是葡萄酒就做出葡萄酒醋。醋中含有豐富的有機酸與胺基酸，對消除疲勞和抑制血壓上升有一定的效果。

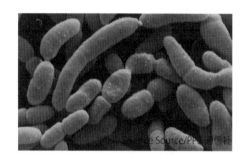

Science Source/PPS通信社

有些醋酸菌在發酵過程中會生成薄膜，椰果就是利用這種特性做出來的。在椰子水中加進一種叫做「木質醋酸菌」的醋酸菌進行發酵，就能做出富有嚼勁的椰果了。

與發酵相關的微生物通常不耐熱，大多數60℃以上就會死亡。因此，想攝取活的微生物就得注意烹煮技巧。以味噌湯來說，煮滾後熄火，最後階段才放入味噌攪散即可。

發酵微生物通常不是獨立作業的，尤其是支撐日本飲食文化的醬油、味噌等調味料，都是由多種微生物合力完成的。近年來，科學家還發現了能製造抗生素、維生素等藥物及石油的微生物，有些也已經實用化。

---

*醪是在蒸熟的穀物中放入麴等，使之發酵的粥狀物。將酒醪過濾後而取得的液體部分，就是醬油或酒。

溶解血栓的「納豆激酶」

日本飲食文化中，最典型的發酵食品就是「納豆」。納豆是在煮熟的大豆中培養出納豆菌而製成的。納豆菌是一種稱為枯草桿菌的細菌，主要棲息在稻草中。據說，日本的稻草上，每一根都附著著將近1000萬個呈芽孢狀態的納豆菌。

大豆是優質的健康食品，其實裡面也有一些有害物質，這點倒是比較少人知道。大豆內含有毒的蛋白酶抑制劑、澱粉酶抑制劑，以及凝集素（Lectins），因此不能生食。

那麼，如何消除大豆中的有害物質呢？透過加熱就能把這些有害物質消除掉（變性、失去活性）。但如果是蛋白酶抑制劑，加熱也無法完全使其失去活性。

不過，可以在大豆中培養納豆菌等微生物，那麼不但可以分解蛋白酶抑制劑，還能提高消化吸收的效率。

納豆不僅是優質的蛋白質來源，每100克中還含有4.9～7.6克的膳食纖維，含量相當豐富。此外，納豆還具有殺菌作用，實驗證明，它能針對常引發食物中毒的O157型大腸桿菌產生抗菌作用。

據說在發現抗生素之前，納豆曾用於治療痢疾、腸傷寒、病原性大腸桿菌等引起的腹痛與腹瀉。

大家比較知道的是，納豆中含有可溶解血栓的酵素。有研究報告是讓狗吃下從納豆分離出來的激酶，從而觀察到血栓的溶解。此外，納豆中含有的K2維生素能促進骨蛋白質的功能而形成骨骼，因此有望治療骨質疏鬆症。

有一部分的納豆菌能以穩定的芽孢狀態存活直到腸內，具有增加雙歧桿菌，讓腸內環境正常化的效果（增加好菌）。

納豆不僅可以搭配熱飯享用，還可以包進剛搗好的麻糬裡做成「納豆餅」。此外，將納豆放進味噌湯，就是日本東北地方常見的「納豆

湯」，而茨城縣水戶地區有一道稱為「そぼろ納豆」（Soboro-Nattou）的地方料理，做法很簡單，只要將泡軟的蘿蔔乾碎末與納豆一起用醬油攪拌即可。

　　將納豆與烏賊刺身混合起來的「烏賊納豆」是壽司的基本食材，納豆天婦羅也非常好吃，而納豆義大利麵、納豆炒飯等不同於和食風格的新奇料理也應運而生。

　　納豆可說是應用範圍非常廣泛的優秀食品，但有些人不太能接受它的味道與黏性，為了這樣的人，已有廠商開發出氣味與黏性大幅減少的納豆，由此可見，納豆應可穩坐日本「國民美食」的寶座了。

發酵的機制是什麼？

——進行兩種化學反應

　　發酵可以視為微生物進行的生物化學反應，但究竟是發生了什麼樣的化學反應呢？

　　事實上，發酵反應是非常複雜的過程，發酵的機制也會根據食品的種類而不同，但基本上可視為進行了兩種反應。

　　這是因為很多食品含有澱粉等多醣類與蛋白質。多醣類與蛋白質是一般稱為「天然高分子」的高分子，是由非常多個單位分子結合而成的。

　　微生物很難直接讓這些高分子發酵，因此會進行以下兩個階段的過程：

　　❶ 分解高分子鏈，使其成為分散的單位分子。

　　❷ 進入分解這些單位分子的作業程序。

　　例如，釀造啤酒或威士忌，首先使用麥芽中的酵素，將澱粉（高分子）分解成葡萄糖，再由酵母（微生物）將葡萄糖進行酒精發酵，轉變為酒。換句話說，下圖的兩階段程序（圖2-1）是分開進行的。

　　然而，釀造日本酒、味噌與醬油的發酵程序是不同的，這種程序稱為並行複發酵，即在一個容器中同時進行以下兩道程序：

　　●由麴菌酵素進行分解。

　　●由酵母進行酒精發酵，以及由乳酸菌進行乳酸發酵。

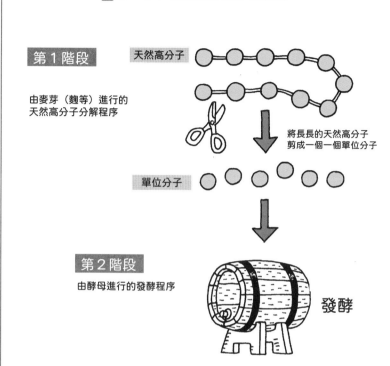

圖2-1● 經過2道程序而發酵

第1階段

天然高分子

由麥芽（麴等）進行的
天然高分子分解程序

將長長的天然高分子
剪成一個一個單位分子

單位分子

第2階段
由酵母進行的發酵程序

發酵

　　在全世界的釀造酒中，日本酒的酒精含量約為20％，比啤酒的
7％與葡萄酒的10％要高出許多。

　　這是因為在醪（水、麴與蒸米的混合物）裡面，葡萄糖逐漸生成，
並逐漸轉變為酒精，這種「酵母的作用方式」十分合理。

　　醬油的發酵程序也一樣，是由麴與酵母合力進行發酵。由於原料在
入缸之後不太會分解，糖分也較少，且pH值*高（接近中性），因此先
由乳酸菌開始活動，產生乳酸使pH值降低（使液體呈酸性）。這種酸

---

*pH值，又稱「酸鹼值」。pH=7表示中性，小於7表示酸性，大於7表示鹼
性。

性可抑制雜菌繁殖，防止腐敗。

然後，當分解進展到一定程度，糖分會跑出來，形成適合酵母發酵的低pH值酸性環境時，就換成酵母開始活動了。

酵母喜歡氧氣，因此要在這個時候進行換氣作業，日本人稱為「櫂入」，即「木槳攪拌」作業（圖2-2）。發酵安定後的醪中有酒精，即使雜菌混入也無法生存，得以花時間進行充分的熟成，並且進一步分解蛋白質，讓顏色變深。

醬油與味噌的顏色之所以越變越深，是因為胺基酸和醣類結合形成胺羰反應（Amino-Carbonyl Reaction），產生「類黑素」（Melanoidins）的關係（褐變反應）。

圖2-2 ● 櫂入

攪拌醪與酒母

使用長木槳進行攪拌的「櫂入」作業，需要豐富的經驗及體力

醪與酒母

這種反應不是生化反應，而是普通的化學反應，換句話說，就與麵包、魚烤焦一樣（糖化反應、梅納反應），因此，釀造物的著色物質並非發酵的產物。

說到發酵的重要產物，一定會提到「酯」（Ester）。雖然酯有很多種，但一般來說，酯是一種芳香物質，水果的香氣大部分（例如香蕉）就是來自酯。

發酵產生的各種酒精，和同樣由發酵產生的乳酸及醋酸等有機酸結合，就會變成酯。酯是在酵母與細菌的發酵結束後才產生的，因此發酵期間越長的產品，酯的含量越多。

圖 2-3 ● 氣味芳香的酯，是酒精產生的

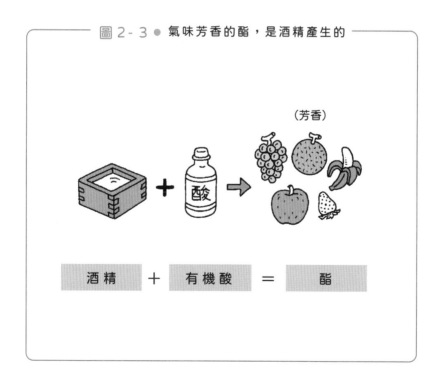

（芳香）

酸

| 酒 精 | + | 有 機 酸 | = | 酯 |

像這樣，發酵過程中會同時進行各種不同的化學反應，讓原始材料完全轉變成不同的物質，讓每一種釀造物都擁有獨特的香氣、味道、顏色、質感與口感等。

　　這些不僅取決於微生物的種類，還會受到兩種以上微生物的組合及其組合比例、發酵物質的濃度和溫度等多種因素影響而產生微妙的變化。

　　就這層意義而嚴格來說，經過發酵，就不可能得到相同的產物。

腐敗、食中毒，與微生物有關

—— 是什麼原因導致這些現象呢？

發酵與腐敗，對引發它們的微生物來說，基本上是同一件事。但是，對接受它們的人類來說，兩者之間存在著重大的差別，發酵對人類來說是一種「有益的作用」，而腐敗對人類來說則是一種「有害的作用」。

那麼，發酵與腐敗到底有何不同呢？是原料的不同、代謝產物的不同，還是細菌的不同？此外，食用腐敗的物品是否等同於食物中毒？在本章的最後，我們再一次來探討這些問題吧！

首先，「原料的不同」，是否會讓有些食品腐敗，有些則不會呢？

會腐敗的，明顯是富含蛋白質的食品。但米飯、蔬菜、水果等也都會腐敗，因此很難以原料來進行區分。

此外，即使原料相同，有時會叫做「發酵」，有時候則被叫做「腐敗」。例如，讓蒸熟的大豆長出枯草桿菌可以做成納豆，這種情況屬於發酵。但是，如果將煮熟的豆子放著不管，讓枯草桿菌自生自滅而產生黏性物質*並發出難聞的臭味，這就是腐敗了。

那麼，可以用「代謝產物的不同」來區分腐敗與發酵嗎？這也不見

*這裡的黏性物質是從食品中的糖產生出來的，讓食物本身具有黏性。通常是透明而且沒有味道。

圖 2-4 ● 引起食物中毒的微生物	
細菌性食物中毒（感染型）	沙門氏菌、腸炎弧菌、威爾斯氏菌、霍亂菌、志賀氏菌、傷寒菌等
細菌性食物中毒（毒素型）	金黃色葡萄球菌、肉毒桿菌、蠟樣芽孢桿菌等
病毒性食物中毒	諾羅病毒、A型肝炎病毒等
原蟲類	隱孢子蟲、圓孢子蟲等

得。牛奶中累積乳酸而凝固的情況，有時會被視為腐敗且令人討厭，有時卻會「因為發酵變成了優格！」而受到歡迎。

那麼，是否可以用「特定菌群的不同」來區分呢？這個可能性比較高，但也不見得。例如，使用乳酸菌製作優格或味噌是發酵，但如果這些菌在清酒中繁殖，很遺憾，日本人會稱之為「火落」*，也就是腐敗。

腐敗是指食品中微生物繁殖，最終導致食品本身的顏色、味道、香氣等損壞而無法食用的現象，並無限定哪些微生物種類。

那麼，食物中毒的症狀又是如何發生的呢？吃了腐敗的食物就會食物中毒嗎？通常，要出現腐敗現象，必須每公克食品中含有1000萬～1億個細菌。腐敗食品中確實存在數量如此龐大的細菌。

*生產過程中的日本酒要是混入了火落菌，就會變白濁而腐敗。為了防止這種現象，有一道名為「火入」的工序，即加熱處理。火落菌是乳酸菌的一種。

即使如此，吃下這些食物，通常並不會引起腹瀉、嘔吐等特定症狀。

相對的，食物中毒是食品中出現特定的病原菌，構成食品衛生問題。這些微生物會產生特定的毒素，人類吃了以後會出現這些微生物特有的症狀。換句話說，食物中毒與腐敗不同，通常食品的外觀不會有明顯的變化，因此很難經由眼見或鼻嗅來判斷。

目前在日本，食品衛生法已經將包括病毒與原蟲在內約20種微生物，列為會引起食物中毒的微生物。

過去將細菌性食物中毒與傳染病視為不同的兩件事，但後來發現食物中毒菌裡頭，有些也具有傳染性，因此區分這兩者已毫無意義。

如今，過去被視為傳染病菌的霍亂菌、志賀氏菌、傷寒菌、副傷寒菌等，如果經由飲食引起人體的腸道感染症，就會被視為「食物中毒菌」。

第3章

以科學的觀點
看食品的成分

3-1

碳水化合物的種類與結構

——分為單醣類、雙醣類、多醣類

幾乎所有的食物都源自生物，而生物體則是由許多元素構成的。

地球上的自然界，大約有90種元素，而且幾乎都可以在人和動物身上找到。

不過，構成生物體的元素中，除了極少數的元素（如碳、氫、氧、氮等），大部分元素的含量都非常低（濃度低），我們稱之為微量元素。這些微量元素，儘管含量很少，大多發揮著相當重要的作用，例如協助維生素與酵素來調節體內進行的生化反應等。

構成生物體的主要物質通常稱為「有機物」。過去認為有機物只能由生命體產生，但隨著化學科學的發展進步，如今已證實有機物不一定只在生物體內生成。

因此，目前有機物的定義其實相當簡單，就是「含有碳的化合物」。然而，這裡所說的「含有碳」，並不包括過於簡單的物質，例如一氧化碳 CO、二氧化碳 CO_2，或者劇毒的氫氰酸 HCN（正式名稱為「氰化氫」）等，也不包括僅由碳原子組成的物質（單體），如鑽石或黑鉛（石墨）等。

構成有機物的元素主要是碳 C 和氫 H，另外還包括氧 O、氮 N、磷 P、硫 S 等。構成生物體的有機物主要是碳水化合物、蛋白質與油脂。

碳水化合物是植物進行光合作用的產物，也可以說是植物製造的太陽能罐頭。除了植物之外，幾乎所有地球上的生物，都利用這些碳水化合物的能量來進行生命活動。

那麼，碳水化合物究竟是什麼？又有哪些類型呢？

碳水化合物說複雜很複雜，說簡單也很簡單，是一種非常神奇的化合物，而且有許多類型、許多分類方法，但簡單易懂的方式是分為以下三種：

①單醣類：不可再分解的醣，是最基本的分子，例如葡萄糖、果糖等。

②雙醣類：由兩個單醣類結合而成，例如麥芽糖、蔗糖（砂糖）等。

③多醣類：由數千個單醣類結合而成，例如澱粉、纖維素等。

基本上，多醣類的結構就像鏈條一樣。鏈條彎曲交錯，顯得極其複雜，但只要拉直來看，就會發現其實再簡單不過，就是無數個形狀相同的「環」連接在一起。

碳水化合物也是如此，不過是「環環相扣」而變得又長又大又複雜罷了。一般稱這種物質為高分子或高分子化合物，每個環則為單位分子。高分子的代表物是聚乙烯。聚乙烯是由相當於「環」的乙烯分子結合而成，數量可達數千到一萬個以上。聚乙烯的英文是「polyethylene」，字首的「poly」在希臘語中表示「很多」。

以碳水化合物來說，相當於「環」的單位分子就叫做單醣類，種類很多，最具代表性的是葡萄糖。其他著名的還有包含在砂糖（蔗糖）中的果糖，以及包含在乳糖中的半乳糖。

兩個單醣類結合（正確的說法應當是「脫水縮合」，即結合同時脫

水）在一起就叫做雙醣類。由兩個葡萄糖結合而成的麥芽糖，以及由葡萄糖與果糖結合而成的蔗糖等，都是眾所周知的例子。

數千個單醣類結合而成的就叫做多醣類。最著名的多醣類應該是澱粉與纖維素了。

話說，澱粉與纖維素同樣都是由葡萄糖構成的，即原料相同。那麼，澱粉與纖維素有什麼區別呢？

事實上，葡萄糖有兩種，差別在立體結構，類似我們的右手和左手一樣，姑且就稱它們為葡萄糖Ａ與葡萄糖Ｂ。

澱粉是由葡萄糖Ａ組成的多醣類，纖維素則是由葡萄糖Ｂ組成的多醣類。因此，雖然澱粉與纖維素是完全不同的物質，但經過微生物的分解，它們會分別變成葡萄糖Ａ與葡萄糖Ｂ。

這時會有一件很奇妙的事情發生。這個葡萄糖Ａ與葡萄糖Ｂ，在溶於水的狀態下會互相轉換。亦即，葡萄糖Ａ會立即轉換成葡萄糖Ｂ，而葡萄糖Ｂ也會立即轉換成葡萄糖Ａ。

也就是說，無論是要分解澱粉還是分解纖維素，最終都會形成Ａ與Ｂ的 1:1 混合物。總之，結果是一樣的。

山羊和牛等草食動物能夠分解纖維素，但人類沒辦法。如果能將纖維素分解菌當成我們的腸內益生菌，就像乳酸菌與雙歧桿菌那樣一起在腸道共生，我們也許就能夠分解纖維素，將它作為營養的來源。這樣一來，我們就沒必要使用碎紙機來分解機密文件，而可以當成午餐替代品直接吃下肚就好了，說不定還能大幅緩解可能威脅人類的糧食危機吶！

碳水化合物的種類與結構

3-2

蛋白質的種類與結構

——自然界都只製造「好吃」的東西嗎？

　　魚介類屬於動物的一種。構成動物體的主要物質是蛋白質與油脂。第7章會介紹魚介類的發酵，但現在先來看看蛋白質與油脂的結構及其性質。

　　蛋白質是典型的天然高分子，與多醣類（澱粉和纖維素等）並列。蛋白質的單位分子是胺基酸，雖然種類繁多，但人體的蛋白質總共由20種胺基酸構成。

圖 3 - 1 ● 蛋白質由20種胺基酸所構成

必需胺基酸		非必需胺基酸	
名稱	縮寫	名稱	縮寫
纈胺酸	Val	甘胺酸	Gly
亮胺酸	Leu	丙胺酸	Ala
異白胺酸	Ile	精胺酸	Arg
離胺酸	Lys	胱胺酸	Cys
甲硫胺酸（蛋胺酸）	Met	天門冬醯胺酸	Asn
苯丙胺酸	Phe	天門冬胺酸	Asp
蘇胺酸（羥丁胺酸）	Thr	麩醯胺酸	Gln
色胺酸	Trp	麩胺酸	Glu
組胺酸	His	絲胺酸	Ser
		酪胺酸	Tyr
		脯胺酸	Pro

這20種胺基酸中，有些人體可以自行合成，但有9種胺基酸是人體無法自行合成的，因此特別稱為必需胺基酸。

人體無法自行產生的9種必需胺基酸，必須從外部取得，以「食物」來攝取。

現在，讓我們稍微以化學的觀點來看「發酵」。如果你不喜歡化學，隨時跳到下一節也無妨。但由於這一節將討論自然界與人工界之間的差異等罕見話題，建議各位還是大致瀏覽一下。

首先，胺基酸如圖3-2所示，一個碳原子C上，連接著4種不同的東西。至於到底連接著什麼，不是現在討論的重點，就先略而不提*，只要知道這類有4種不同的東西（取代基）連接著的碳，稱為「不對稱碳」。具有不對稱碳的化合物，會發生「鏡像異構物」（enantiomers）現象。

圖中的分子 A、B（標示為「左手」、「右手」）具有相同的分子式，碳C是不對稱碳。在這張圖裡，以直線表示的結合是放在紙平面上，楔形的結合是往我們這邊突出來，虛線的結合則是後退到紙面的後方。這麼一來，分子的形狀是不是變得很立體呢？就跟消波塊長得很像吧。

---

*內文中省略不提，其實各胺基酸上都連結著固有的原子團（符號R，取代基）、氫原子H、胺基NH_2、羧基$COOH$。

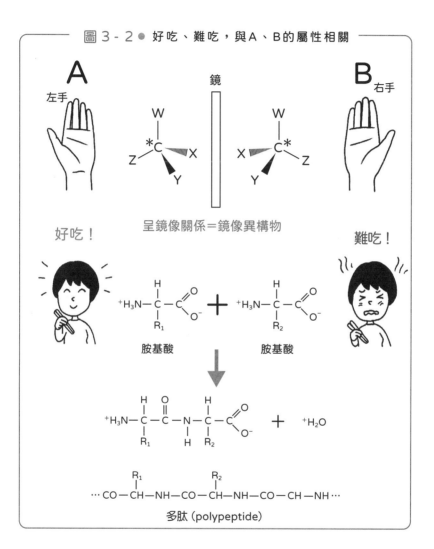

圖 3-2 ● 好吃、難吃，與 A、B 的屬性相關

A 左手

鏡

B 右手

呈鏡像關係＝鏡像異構物

好吃！

難吃！

胺基酸

胺基酸

多肽 (polypeptide)

蛋白質的立體結構

——一邊味道很讚，另一邊沒味道？

　　現在，請你在腦中轉動前一節的圖3-2，試著把Ａ和Ｂ重疊看看。絕對無法完全重疊。這是因為它們的關係就像左手與右手。確實，如果我們把左手和右手對著鏡子，照出來的模樣是相同的，但真要把左右手以同一面向疊起來時，會變成左右相反。換句話說，Ａ和Ｂ是互為鏡像關係。

　　我們稱這種關係的分子互為「鏡像異構物」。鏡像異構物的化學性質完全相同。如果分離Ａ和Ｂ的混合物，不可能純粹地分出Ａ和Ｂ。豈止如此，在實驗室中製造這種分子時，還會得到Ａ與Ｂ的比例剛好是1：1的混合物，我們稱為「外消旋體」(racemate)。

　　然而，Ａ和Ｂ對生物顯示出的性質卻完全不同。

　　例如，一邊的味道很讚，另一邊卻沒味道。或者，一邊可以是治療的藥，另一邊卻是會引起疾病的毒物。性質截然不同。

　　奇怪的是，儘管自然界中有許多具有不對稱碳的化合物，但實際上存在的只有鏡像異構物中的其中一邊，即Ａ或Ｂ。箇中原因成謎。以胺基酸來說，鏡像異構物的兩邊分別叫做Ｄ型和Ｌ型。

　　如果用人工方式合成這種分子，Ａ和Ｂ將以相等的比例存在於混合物中。但奇怪的是，如果讓生物合成，只會產生Ａ（或Ｂ）。

換句話說，自然界中存在的胺基酸全都是L型。味精是一種名為麩胺酸的胺基酸，有D型和L型。因此，在實驗室中合成味精，當然會得到D型和L型的1：1混合物。這時，一如先前所述，占一半的D型是沒有味道的。

不過，現在的味精是用微生物讓甘蔗汁發酵製成的，透過這種方法生成的麩胺酸全是L型，全是「有味道的分子」。

一般來說，帶有胺基的化合物是鹼性的，而帶有羧基的化合物是酸性的。由於胺基酸帶有這兩種取代基，因此稱為「兩性化合物」，其性質基本上是中性的。

胺基酸可以在胺基與羧基之間進行脫水縮合而結合。胺基酸之間的結合稱為「肽鍵」（Peptide bond），多個胺基酸結合而成的分子通常稱為「肽」，又稱「胜肽」。

其中，由2個胺基酸組成的肽稱為「二肽」，由許多個胺基酸組成的肽則稱為「多肽」。

因此，<u>蛋白質可以說是多肽</u>。多肽的種類非常多，其中一種人稱<u>「多肽中的優等生」，就是蛋白質</u>。

蛋白質的結構十分複雜，因此必須分層級來看。構成多肽的20種胺基酸，其排列順序是蛋白質結構的基礎，我們稱之為蛋白質的一級結構或平面結構。

多肽成為優等生蛋白質的條件就在立體結構。多肽是一種高分子，形狀像一條長繩，如果是蛋白質，這條長繩是以特定方式摺疊好。這種摺疊法比摺襯衫還要複雜好幾倍，而且具有可重現性。

蛋白質的立體結構是由基本的立體結構組合而成的，這個基本結構稱為二級結構；二級結構再進行組合，就變成三級結構。

一般的蛋白質都是到三級結構為止，但有些蛋白質的結構更複雜，

例如在魚類、哺乳類、鳥類身體裡面負責運輸氧氣的血紅素。它是由2種、4個完成三級結構的蛋白質合成一個蛋白質群，我們稱這樣的結構為四級結構。

　　蛋白質的立體結構有多麼重要，可以從狂牛病中明顯看出來。這種疾病就是因為牛體內一種名為「普利昂」（prion）的蛋白質，明明平面結構都很正常，只因為立體結構產生變異就足以發病了。

3-4

蛋白質與酵素

——沒有酵素就無從開始

　　蛋白質不僅僅構成了魚介類等動物的身體與肌肉，所有的酵素也都是由蛋白質構成的。發酵是微生物的酵素所引起的現象，換句話說，發酵、腐敗、熟成等所有食品的自然變化，都可說是由蛋白質引起的現象。

　　酵素，如大家熟知的唾液中的澱粉酶，能將食物中的大分子分解為方便消化吸收的小分子。此外，它們還能作為生化反應的催化劑來促進反應。如果沒有酵素，生命體就無法進行生化反應，不但無法攝取營養，無法將其代謝（氧化）並轉化為能量。換句話說，生命之火將無法繼續燃燒。

　　不僅如此。細胞分裂時，DNA會進行分裂複製，而負責這項任務的也是酵素；根據DNA的遺傳密碼來創造生物體的也是酵素。沒有酵素，就沒有生物體的存在。

　　酵素有很多種類，基本上都是蛋白質。之所以說「基本上……」，是因為還有蛋白質以外的成分，通常是金屬離子。前面提到的血紅素也可以視為一種酵素，但血紅素含有鐵離子 Fe^{3+}。其他還有許多金屬，如鋅離子 Zn^{2+}、銅離子 Cu^{2+}、鈣離子 Ca^{2+} 等，也都包含其中。

　　除去金屬離子後，酵素的主體部分是蛋白質。蛋白質的多肽結構，即平面結構，像普通分子一樣堅固，不容易破壞。

不過，蛋白質的立體結構十分敏感脆弱，條件稍微改變就會立即變化而壞掉，而且這種變化是不可逆的，通常無法恢復原狀。

蛋就是很好的例子。將生雞蛋加熱到60～70℃會變成熟雞蛋，但再怎麼冷卻，也無法恢復成生雞蛋。這是因為蛋白質的立體結構已經改變了，而且不可逆。

蛋白質的立體結構不僅會受到高溫的影響，還會受到酒精等藥品，酸鹼等條件的影響，例如，將蝮蛇等毒蛇浸泡在酒中，毒性就會消失，也是出於這個原因。毒蛇的毒液是由蛋白質構成的蛋白毒，因此，藉由酒精改變蛋白質的立體結構就能變成無毒了。

由於蛋白質具有這種性質，成為酵素中最容易起作用的固有條件。圖3-3就是一些例子。例如，澱粉酶在50℃時的活性最高，琥珀酸去氫酶則在40℃時最高。一旦溫度繼續升高，活性便會迅速消失。

此外，胃蛋白酶在強酸性的pH=2下活性最高，而胰蛋白酶則在弱鹼性的pH=8下活性最高。

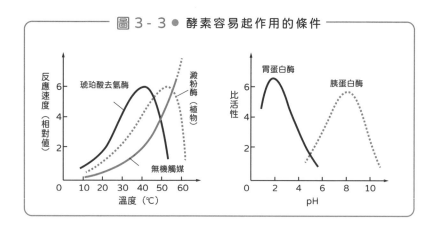

圖 3 - 3 ● 酵素容易起作用的條件

說到酵素，人們常用「鑰與鎖」的關係來比喻。特定的酵素會影響

特定基質的化學反應，但不影響其他的基質。這種關係就像鑰匙只適合特定的鎖孔一樣，不適用於其他的鎖孔，因此稱為「鑰與鎖」的關係。

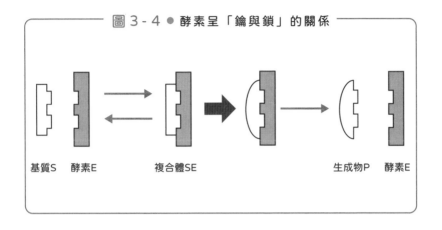

圖 3 - 4 ● 酵素呈「鑰與鎖」的關係

基質S　酵素E　　　　　複合體SE　　　　　　　生成物P　酵素E

這是純粹的化學反應結果。假設基質S透過酵素E的支持，產生化學反應而轉化為生成物P。這時，E會先與S反應而形成複合體SE。在此狀態下，S受到其他反應物的攻擊而變成P，然後P和E解離，反應結束。E再次與其他S反應，支持下一個反應。因此，酵素E在反應前後都不會發生變化。

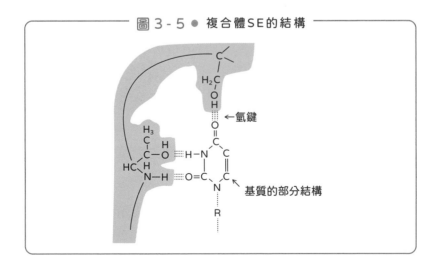

圖 3 - 5 ● 複合體SE的結構

←氫鍵

←基質的部分結構

圖 3-5 就是這種複合體 SE 結構的一個例子。以底色表示的酵素，與基質之間有三個以虛線表示的結合。這種結合通常稱為「氫鍵」，是生物體非常重要的一種結合，必須完成這種結合才能形成複合體。

　　而且，酵素與基質之間，能夠形成這種結合的並不多見，兩者的立體結構必須存在特定的約定關係才有可能。這就是化學上所謂的「鑰與鎖」關係。

3-5

油脂的種類與結構

——源於脂肪酸分子結構的差異

　　液體有許多種類，最常見的是「水」。水能溶解各種物質，溶解鹽成為鹽水，溶解糖成為糖水。因此，水中溶解了各種物質（溶質）的液體稱為「水溶液」。水中溶解了乙醇的酒、溶解了醋酸的醋，以及水中溶解了鹽與胺基酸的醬油等，都是我們熟悉的水溶液。

　　也有一些不是水或水溶液的液體，例如石油和食用油等所謂的「油」。然而，雖說都是油，石油與食用油之間存在著很大的區別。簡單來說，石油是由碳與氫組成的碳氫化合物。

　　相對之下，食用油通常是中性脂肪。食用油中，牛脂與豬脂等溫體動物的油脂在室溫下是固體，稱為脂肪，而植物與魚介類的油在室溫下是液體，稱為脂肪油。

　　食用油，也就是中性脂肪，是由一種稱為甘油的醇，與由脂肪酸構成的有機酸，共同形成的酯。其結構如圖 3-6 所示。

　　因此，中性脂肪（食用油：左端）在體內分解時，會變成 1 分子的甘油和 3 分子的脂肪酸（箭頭右側）。

　　食用油品質的差異，源於這些脂肪酸的分子結構的差異。

> **圖 3 - 6 ● 食用油品質的差異，源於脂肪酸的差異**
>
> $CH_2-O-CO-R$
> $CH-O-CO-R'$ $\longrightarrow$
> $CH_2-O-CO-R\text{。}$
>
> CH_2-OH $HO-CO-R$
> $CH-OH$ $+$ $HO-CO-R'$
> CH_2-OH $HO-CO-R''$
>
> 食用油　　　　　　甘油　　　脂肪酸（3個）

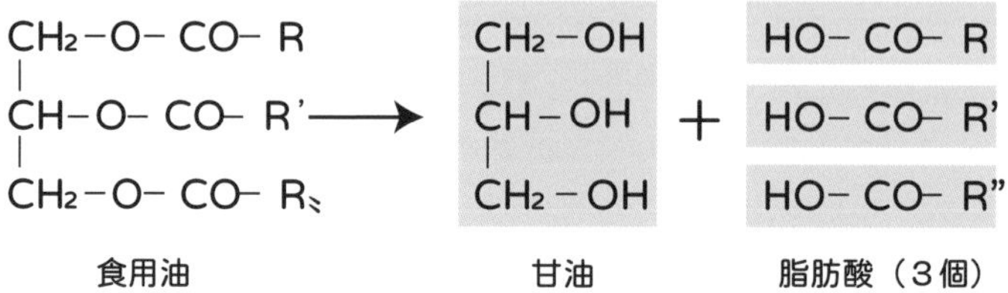

　　通常，製造哺乳類油脂（脂肪）的脂肪酸不包含雙鍵（double bond），稱為「飽和脂肪酸」。相對地，製造植物與魚介類油脂（脂肪油）的脂肪酸包含雙鍵，稱為「不飽和脂肪酸」。「有益大腦」的青魚中所含的EPA與DHA，屬於不飽和脂肪酸。

　　在不飽和脂肪酸的碳鏈中，從末端（希臘字母表的最後一個字母ω〔omega〕）倒數第三個碳的符號是 ω-3。不飽和脂肪酸中，從 ω-3碳開始的雙鍵，特別稱為 ω-3脂肪酸。眾所周知，這種脂肪酸有益健康。順帶一提，EPA與DHA都是 ω-3脂肪酸。

　　使用合適的催化劑讓氫氣H_2對液體中的不飽和脂肪酸進行反應，氫分子會附加到雙鍵上，將雙鍵轉換為單鍵，也就是將不飽和脂肪酸轉化為飽和脂肪酸，結果，液體的脂肪油就會變成固體的脂肪。

　　用這種方式做成的人工油，稱為硬化油，廣泛用於乳瑪琳、脂肪抹醬、起酥油和肥皂等產品。

　　然而，值得注意的是，硬化油中並非所有的雙鍵都已轉化成單鍵，有些會保留一個雙鍵，如今知道，問題跟雙鍵的立體構造有關。

　　脂肪酸的雙鍵結構中，有2個碳C與2個氫H結合。這種情況會產生兩種可能性：兩個H結合在雙鍵同一側的順式結構，以及兩個H結合在相反側的反式結構。兩者的差異如圖3-7所示，一邊的分子形狀

是直的，另一邊的分子形狀是彎的，非常不一樣。

圖 3 - 7 ● 反式脂肪酸對人體有害？

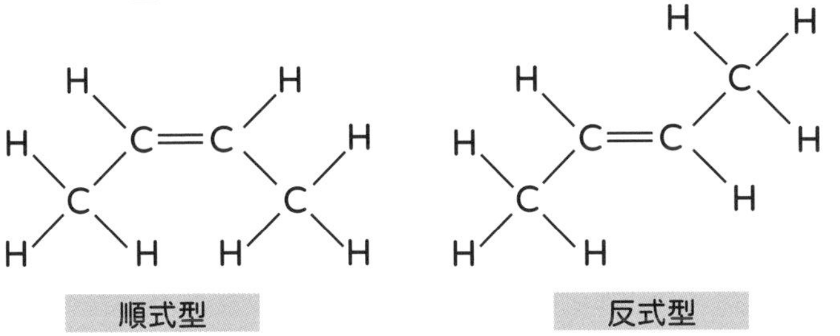

順式型　　　　　　　　反式型

　　自然界中，這種情況只會出現順式結構。但以硬化油來說，就會是反式結構。世界衛生組織（WHO）已經確認，反式脂肪酸對健康有害，這就是當前人們熱議的反式脂肪酸問題。

第4章

以科學觀點看
味覺與調味料的關係

「味道」是由什麼決定的？

——五種基本味道是哪五種？

我們吃東西時，最在意的是「味道」吧？美味的食物不僅能刺激食慾，還能多吃一點而有益健康。相反的，如果難吃就會讓食慾減退。

製作發酵食品的目的，可以說是為了在食品中添加複雜而美味的味道。

判斷食物是否美味有很多因素，當然包括「味道」，其他還有「香氣」、「外觀」等。再怎麼美味，如果氣味難聞，也難生起食慾。

值得一提的是南國的水果榴槤，以其氣味而聞名。榴槤是種外觀呈茶褐色的水果，大小比橄欖球小一圈，去掉硬殼後，內部有像白色冰淇淋般的果肉，濕潤甘甜，非常好吃。但它有股硫磺的氣味，讓許多人聞之怯步。

外觀也是刺激食慾的因素之一。日本料理不僅強調味道，還強調「用眼睛品味」。日本飲食通常以美麗的器皿搭配季節感，擺盤優雅，確實有著如一幅畫般的美感。

儘管「美味的要素」很多，但「美味的基本」仍然是味道。

人們研究「味道」的歷史相當長，西方文明認為味道有四個基本要素，即「甜味、鹹味、酸味、苦味」。雖然還有所謂的辣味，但一般不把辣味視為「獨立出來的味道」，而是一種刺激到痛覺的疼痛感。

日本人則是對這四種基本味道提出異議，因為他們長久以來都知道

除了這四種基本味道，還有「另一個要素」，就是「鮮味」。世人在認同日本料理的美味之餘，也認同日本人對味道的堅持與敏感度，目前已普遍在先前的四種要素上再加一項「鮮味」，成為味道的五要素了。

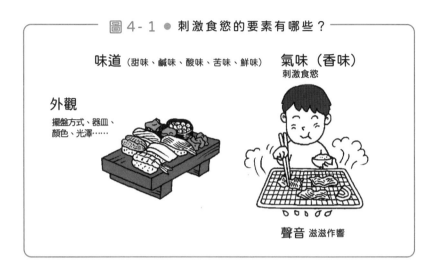

圖 4-1 ● 刺激食慾的要素有哪些？

味道（甜味、鹹味、酸味、苦味、鮮味）　氣味（香味）
刺激食慾

外觀
擺盤方式、器皿、
顏色、光澤……

聲音 滋滋作響

4-2

決定味道的五個要素

──甜味、鹹味、酸味、苦味，以及鮮味

五個基本味道，與人類的生存息息相關。

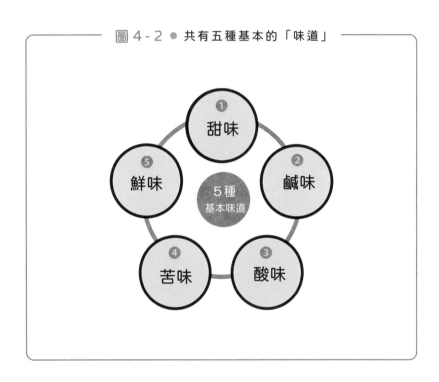

圖 4 - 2 ● 共有五種基本的「味道」

①甜味

　甜味是尋找能量來源的感測器。為了生存，人類需要能夠活動大腦、內臟、肌肉，以及消化、吸收、代謝食物的能量。這些能量的來

源是葡萄糖、澱粉等醣類。

醣類是植物以二氧化碳CO_2與水為原料，利用太陽光能進行光合作用所製造出來的，簡直就像是太陽能罐頭。判斷食物中是否含有這種能量罐頭的，就是「甜味」。我們疲勞時之所以想吃甜食，正是這個原因。

②鹹味

說到鹹味，就會想到食鹽（氯化鈉 $NaCl$）。食鹽具有調節細胞滲透壓的重要功能。此外，鈉離子Na^+是神經細胞進行訊息傳遞時的重要離子。存在於自然界中的食鹽，不僅包含$NaCl$，還包含各種礦物成分（金屬元素）等不純物。為了維持體液平衡並微調身體功能，我們需要攝取這些礦物。<u>鹹味可以當成攝取礦物成分的感測器。</u>

③酸味、④苦味

酸味與苦味不是出於美味，而是出於其他原因進化過來的。苦味是有毒物質的特有味道，酸味是腐敗物質的特有味道。換句話說，酸味與苦味原本是人類為了保護生命而應該避免的物質的味道，是一種警告訊號。

因此，幼兒討厭酸的東西或是像青椒那樣帶有苦味的蔬菜是很自然的。但奇妙的是，慢慢長大後，我們對酸味與苦味的味覺會發生變化而感覺到好吃了。

⑤鮮味

科學上首次揭示鮮味的是日本科學家池田菊苗（1864～1936）。他研究鮮味的元素昆布，從中萃取出「麩胺酸」這種製造蛋白質的胺

基酸。換句話說，<u>鮮味是一種感測食物中是否含有胺基酸（蛋白質）的感測器</u>。

蛋白質不僅可成為大家愛吃的燒肉，它也是一種主宰生化反應的酵素，並根據DNA傳遞的遺傳訊息來打造生物體，因此也有建築師的功能。蛋白質可說是生物最重要的物質了。

<u>發酵食品之所以更有味道，多半是因為鮮味增加了</u>。這是因為進行發酵時，蛋白質會分解，產生麩胺酸等胺基酸。此外，DNA分解會增加肌苷酸等核酸，而核酸也是鮮味的重要元素。

然而，最近有一種主張是在這五種基本味道之外再多加一種。這份候補名單有許多個，我們來看看主要有哪些吧！

候選 1：鈣味

來自牛奶的味道。一般認為鈣Ca的味道是「苦味、酸味、鹹味交織在一起的味道」。然而，我們似乎可以單獨對鈣產生獨立的味覺。實驗證明，缺鈣的老鼠表現出對鈣的食慾。此外，老鼠的舌頭上似乎有對鈣的感測器。

候選 2：脂味

也有實驗證明，讓人飲用含脂飲料與不含脂飲料，人們能夠區分出裡面是否含有脂肪。脂肪的味道通常被當成甜味或鮮味。只不過，實驗只能區分出這個脂味，至於舌頭上是否有針對脂味的感測器，以及是否能夠區別出它與甜味、鮮味的不同，目前則不清楚。

候補 3：濃郁

　　豚骨拉麵味道中的「濃郁」，雖然很難精準地形容出來，但已經大致知道它的分子結構了。

　　一般認為能夠表現出濃郁的物質是「麩胱甘肽」（Glutathione）。這是一種由三個胺基酸結合而成的物質，通常稱為「三肽」。據說「麩胱甘肽」有濃郁的特性，雖然它本身並沒有味道，但有可能影響其他味覺的擴散與持久時間。

　　與其說它是第六種味覺，不如說它是能對五種基本味道產生影響的元素。

味覺的科學

——能用數字測量「味道的差異」嗎？

我們品嘗料理靠的是「味覺」，但味覺到底是怎樣的機制呢？不只食物，所有物質都是由特定的分子集合而成。味覺可說是這些分子，也就是味道分子，與人體味覺感測器反應的結果。而在人體中，這個味覺感測器就是「舌頭」。

不是舌頭的所有部位都均等地感受味道，而是不同部位感受到的味道有所不同。圖 4-3 的左側顯示的是舌頭不同部位感受到的味道。但這只是簡化示意圖，目前已經知道，每個部位也能感受到其「負責範圍」以外的其他味道。

舌頭上有無數個感覺器官味蕾（圖 4-3 的右側），是由無數個味覺細胞構成的。這些味覺細胞負責接收味道分子發出的訊息，傳遞到大腦。

那麼，味覺細胞是如何捕捉味道分子的訊息呢？味覺細胞是細胞，而所有細胞都具有細胞膜。當味道分子附著在味覺細胞上，味道分子會隔著細胞膜與味覺細胞接觸。

這樣一來，隔著細胞膜兩側（細胞內外）的溶液種類與濃度，會在細胞膜內外間產生電壓（膜電位）。神經細胞會感知這種電壓變化，將其傳遞到大腦（見圖 4-4）。

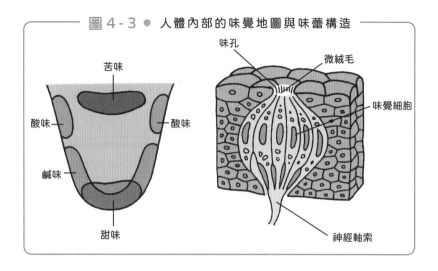

圖 4-3 ● 人體內部的味覺地圖與味蕾構造

苦味

酸味　　　　　酸味

鹹味

甜味

味孔

微絨毛

味覺細胞

神經軸索

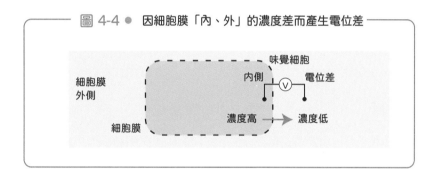

圖 4-4 ● 因細胞膜「內、外」的濃度差而產生電位差

細胞膜
外側

細胞膜

味覺細胞

內側　Ⓥ　電位差

濃度高　→　濃度低

　　一旦理解這種機制，事情就變得簡單了。構建這種初步模型，對現代化學來說十分簡單。

　　圖4-5是使用細胞膜的模型物質所進行的實驗，合成了八種不同的模型膜（1至8）。利用這個膜將容器分為兩部分，一邊放標準溶液，另一邊放測定試料液，然後測量兩者之間的電位差。

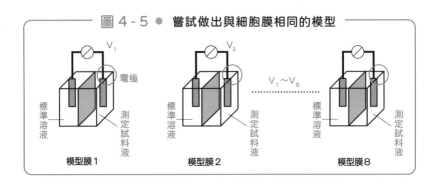

圖 4 - 5 ● 嘗試做出與細胞膜相同的模型

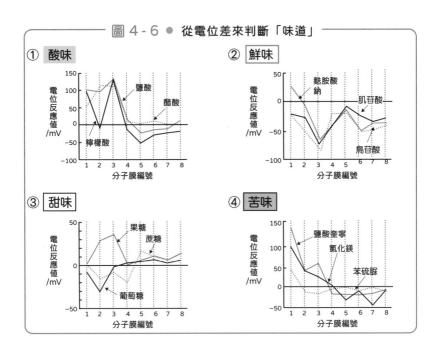

圖 4 - 6 ● 從電位差來判斷「味道」

圖4-6的四條折線圖則展示了實驗結果。

在「①酸味」的結果中，鹽酸、醋酸、檸檬酸等帶酸味的試料都呈現相似的模式。相同的情況也可以在「②鮮味」、「④苦味」上看到。但在「③甜味」方面，果糖（雙醣類）特別不一樣，蔗糖（雙醣類）與葡萄糖（單醣類）卻大致一樣。

這意味著，基本的食品味道不需要人們特意品嘗，只需使用這種裝置進行測試，就能以數字得知味道如何。這種方式對食品大量生產時的品質管理十分有用。

發酵之窗

細胞膜也是脂肪形成的

細胞膜就像肥皂泡一樣。肥皂泡的膜是由細長的肥皂分子垂直排列而成的，就像小學的朝會，小朋友們在操場上排成許多條長排隊伍一樣。

從三樓屋頂俯瞰這群小朋友，會覺得他們黑色的頭頂很像海苔狀的膜，這樣的分子集合體就叫做「分子膜」。

細胞膜是典型的分子膜。只不過，構成分子膜的分子不是肥皂分子，而是脂肪分子的一種。因此，不攝取脂肪就無法建構細胞。減肥可以，但仍得攝取必要的營養才行。

味道的抑制效果與對比效果

——為什麼食物經過調理後，味道會改變？

　　我們常說調理食物，調理就是將幾種食材加在一起，以製作出更複雜有深度、更美味的料理。這時，不可或缺的就是調味料了。調味料的種類很多，而且各民族各有獨特的調味料，但基本上仍然是「甜味、鹹味、酸味、苦味、鮮味」這五種基本味道。

　　我們不會吃到呈現單一基本味道的食品或料理，只單獨呈現甜味或鹹味之類的料理，應該不能算是料理吧？

　　料理通常都夾雜著這五種基本味道。那麼，人們是否能夠正確感知這些基本味道呢？

　　圖4-7的A表示，在苦澀的咖啡中加入甜的糖，人們會感受到味道的變化。換句話說，可以把它當成在咖啡這個基本素材中，加入砂糖這種調味料。

　　咖啡中加了糖，甜味自然會增加，但苦味不會改變。可是，即使苦味的分量沒有改變，人們感受到的苦味卻逐漸減少了。這種現象叫做味道的抑制效果。

　　圖4-7中的B表示在味噌湯中加入鹽的情況。隨著鹽分的增加，人們感受到的鮮味更加強烈，這種現象叫做味道的對比效果。吃紅豆湯時會放入與甜味呈對比的鹽巴，就是利用這個效果，在西瓜上撒點鹽也是一樣的，這些都算是調味料帶來的效果。

兩個以上的味道相互結合的效果，可以從下面的數據中看出來。

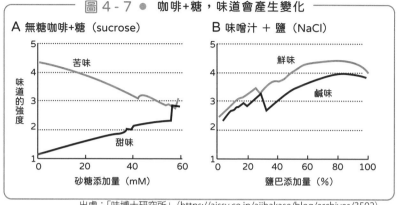

圖 4 - 7 ● 咖啡+糖，味道會產生變化

A 無糖咖啡+糖（sucrose）

B 味噌汁 + 鹽（NaCl）

出處：「味博士研究所」（https://aissy.co.jp/ajihakase/blog/archives/3592）

　　圖4-8的左邊表示青椒味道中基本味道的比例。顯然，青椒的苦味最突出。中間是奶油起司，鮮味與酸味較強烈。

　　右邊是這兩者混合在一起（料理）的味道。青椒的苦味被抑制了，同時奶油起司的酸味與鮮味也被抑制了。這意味著整體味道變得溫和易入口。如果想讓小朋友吃青椒，這種搭配是個好建議。

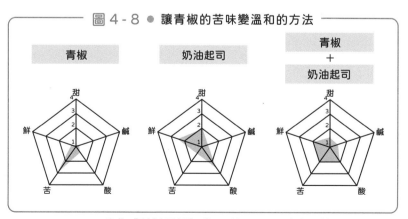

圖 4 - 8 ● 讓青椒的苦味變溫和的方法

青椒

奶油起司

青椒
＋
奶油起司

出處：「味博士研究所」（https://aissy.co.jp/ajihakase/blog/archives/3652）

美食搭美酒。西餐通常是肉料理搭配紅葡萄酒，魚料理搭配白葡萄酒。料理與葡萄酒的搭配會產生什麼樣的效果呢？

　　圖4-9表示紅葡萄酒與肉、魚的適配性。與牛排搭配時，你會發現甜味、苦味與酸味更豐富了。相反地，對於魚料理，苦味則被強調出來。這表明紅葡萄酒更適合搭配肉料理。

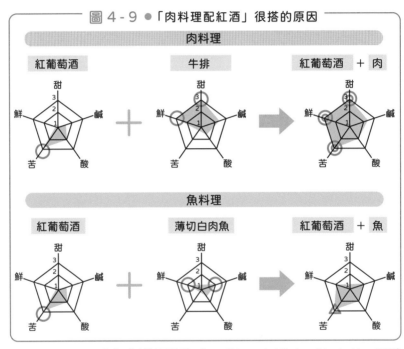

出處：「味博士研究所」（https://aissy.co.jp/ajihakase/blog/archives/3652）

　　用白葡萄酒進行同樣的實驗（圖4-10），會得到相當不同的結果。換句話說，魚料理中的五種味道變得很平均，更易入口。

　　像這樣，基本食材與少量其他食材結合，整體味道不會只是簡單的相加，而是會產生複雜的相乘效果讓料理變得更美味。這就是調味料的魔力。

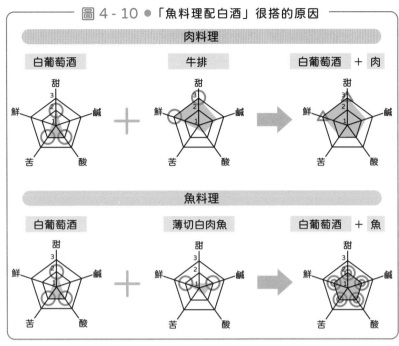

圖 4 - 10 ●「魚料理配白酒」很搭的原因

出處：「味博士研究所」（https://aissy.co.jp/ajihakase/blog/archives/3652）

在發酵過程中，透過微生物的力量，食品得以分解與變質，分解成胺基酸、各種大小的肽類，或是各種長度的醣類，形成豐富的味道。正是這些豐富多樣的味道，大幅提升了食品的鮮美。

紅色、白色、玫瑰色

　　葡萄酒有呈紅色的「紅酒」、呈透明無色的「白酒」，與呈玫瑰色的「粉紅玫瑰酒」三種，它們之間有什麼不同呢？

　　「紅酒」是由黑色系葡萄的果實，連同果皮、種子一起混合發酵而成的。「白酒」是在黑葡萄發酵前就先去除果皮與種子，因此不會上色。至於「粉紅玫瑰酒」，看似只要將紅酒與白酒混在一起就好了，但歐洲禁止如此地便宜行事。

　　粉紅玫瑰酒有下列三種做法：①混合黑葡萄與白葡萄進行發酵。②僅使用黑葡萄汁進行發酵。③在黑葡萄發酵後呈現玫瑰色時，立即去除果皮。無論哪一種做法，都反映出重視葡萄酒的態度。

第5章

進一步認識
味噌、醬油等
發酵調味料

5-1

解開發酵調味料的歷史

──主角始終是「大豆」

關於調味料，人們一開始以為它是自然發生的。古代人在海岸撿拾貝殼來吃，貝殼上面帶有海水，海水中含有食鹽（氯化鈉）NaCl、苦味成分的硫酸鎂 $MgSO_4$ 等，形成複雜的鹹味與苦味，換句話說，海水就這樣成為調味料了。

古代人也在山上捕獵野獸，吃的時候，肉上面可能沾有泥土；這些泥土中除了含有食鹽，還混雜著各種金屬鹽。此外，如果將食物放在樹葉上，樹葉的香氣便可能轉移到食物上，這些也算是一種調味料。

圖 5 - 1 ● 從山上與海裡取得「天然的調味料＝鹽」

海水

泥土中
混雜著食鹽、
金屬鹽

隨著狩獵與耕種技術的提升，食物量增加，多餘的食物需要儲存，這麼一來就進入微生物活躍的時代了。當然，條件不佳會讓食物腐敗

無法食用，但如果條件恰到好處，微生物會進行發酵，使味道改變。換句話說，發酵食品與發酵調味料就這樣登場了。

雖然沒有確切的資料顯示發酵調味料是何時出現的，但醋的歷史相當古老。約在西元前5000年左右，巴比倫地區就有使用椰棗與葡萄乾製作醋的紀錄。約在西元前13世紀左右，《舊約聖經》的《摩西五經》中描述了以葡萄酒製成的醋。

也有紀錄顯示，約在西元前1100年左右的中國，有一種「製醋」官員，將醋當成中藥使用。到了西元前400年左右的古希臘，被譽為「西方醫學之父」的希波克拉底曾使用醋來治病。再往後，約在西元前30年左右，古埃及時期的女王克麗奧佩脫拉將珍珠放入醋中，溶解後飲用，以求護膚美容功效。

在15～17世紀的大航海時代，為了預防因缺乏新鮮蔬菜與水果而引起的「壞血病」，人們開始將各種香料與蔬菜浸泡在醋中，這就是現代泡菜（醃漬物）的起源。

而在日本，相傳大約是西元400年左右，從中國先後引進釀酒技術與製醋技術。史書記載，奈良時代（710～794）的宮廷晚宴上，曾使用四種調味料容器，分別放入醬油、酒、醋、鹽等四種調味料。

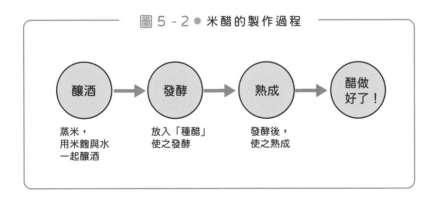

圖 5 - 2 ● 米醋的製作過程

釀酒 → 發酵 → 熟成 → 醋做好了！

蒸米，用米麴與水一起釀酒

放入「種醋」使之發酵

發酵後，使之熟成

室町時代（1336～1573）的料理書籍《四條流包丁書》介紹了適合各種魚類的「合醋」。到了江戶時代（1603～1868），味噌、醬油與醋已經普及到庶民生活。隨著這股潮流，發展出了與之前的「熟鮨」等「發酵壽司」不同的新型壽司「早鮨」，例如將醋拌入飯中的「押壽司」等，就和現代的壽司一樣。

當時使用的是由米製成的米醋，但到了19世紀，相當普及的「握壽司」已經改用酒粕製成的「粕醋」了。

另一方面，相當於醬油母體的東西究竟是什麼呢？在日本，相傳是起源於繩文時代。

然而，正式的醬油釀造技術，其發展起源是在西元前700年左右的中國，周朝的著作《周禮》中有「醬」的記載。醬傳入日本是在4～6世紀的大和朝廷時期，一般認為是從中國與朝鮮傳入的。

味噌的起源也是在同一時期，人們吃了還沒有做成醬之前的大豆，覺得味道不錯，於是單獨把它當成一種食品。在日本，「味噌」有另一個名字叫「未醬」，意思就是「尚未變成醬的東西」。

起初，味噌是只有特權階級才能品嘗的奢侈品。用味噌做成味噌湯等料理是鎌倉時代（1185～1333）開始的，武士基本飲食風格「一湯一菜」，就是「味噌湯＋配菜」。

中國的發酵調味料有辣椒醬、豆瓣醬、甜麵醬、蝦醬、豆豉等，這些都以大豆為原料，與味噌相似。韓國也有類似的調味料，如苦椒醬。將中國的各種醬、韓國的苦椒醬，以及日本的味噌、醬油串在一起，似乎形成了一條有別於絲綢之路的「發酵調味料之路」；這條路還進一步連接到東南亞的魚露、魚醬等。

第1章已經簡單提過，魚醬是將小魚醃漬（魚的種類繁多）並長期保存後，魚的蛋白質分解成胺基酸，與鹽水相融合所變成的美味湯汁。在日本，秋田的「鹽魚汁」、能登半島的「魚汁」等都相當有名。

大豆的營養素與發酵

——發酵食品在保健上的貢獻

　　日本被譽為發酵食品王國，有非常多使用不同食材的發酵食品，其中最具代表性的應該是味噌與醬油。

　　全世界的調味料中，之所以沒有哪個能與味噌和醬油匹敵，原因很多，例如不具備適合發酵的高溫多濕的氣候條件，沒有適當的微生物，以及發酵食品不受歡迎等。

　　但是，有一個最關鍵的條件，就是「大豆」。味噌與醬油都是大豆製成的，而以大豆為主要食材的地方，只有中國、韓國、日本等東北亞地區。

　　大豆起源於中國東北部，4000 年前就有人開始栽培，大約在 2000 年前傳入日本。大豆內含均衡的蛋白質、脂質、纖維質與礦物質等，營養相當豐富。

　　一直以來，人們不斷利用各種加工，將大豆做成許多食品，從接近原料素材的來說，有毛豆、黃豆粉、煮豆，還有豆腐、豆漿、豆皮、麵麩等利用大豆蛋白質做成的食品，更有納豆、味噌、醬油等發酵食品，琳瑯滿目。

　　大豆含有許多營養素，其中最重要的是植物性蛋白質。這種蛋白質遇到發酵菌會分解成極小分子物質，同時變成鮮味的元素胺基酸。

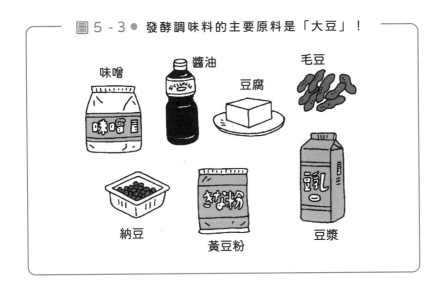

圖 5 - 3 ● 發酵調味料的主要原料是「大豆」！

味噌

醬油

毛豆

豆腐

納豆

黃豆粉

豆漿

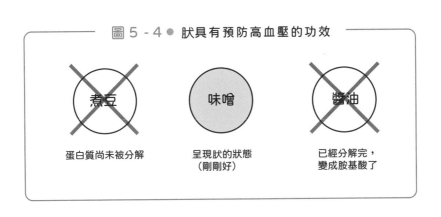

圖 5 - 4 ● 肽具有預防高血壓的功效

煮豆
蛋白質尚未被分解

味噌
呈現肽的狀態
（剛剛好）

醬油
已經分解完，
變成胺基酸了

　　一般來說，發酵可以增加原料食品的保存期限，提高美味度。近年來，人們發現發酵食品還具有維持人體健康的功能，進而重新認識發酵食品的重要性。

　　以大豆來說，我們已經知道，透過發酵會產生原本大豆中沒有的功能，例如，結合了五種胺基酸的肽，對預防高血壓很有效。未經分解的煮豆中並沒有這種肽，經過分解成胺基酸的醬油也沒有，只有在位

於這兩者中間的味噌中才找得到。

因此，不是發酵就好，「發酵的程度」也很重要。

另一個例子是具有防癌功效的「亞麻油酸乙酯」（Ethyl Linoleate），這種成分也只存在於經過發酵的豆子中。

相較於西方人，日本人的壽命較長，植物性飲食是一大因素。可以說，食用許多發酵大豆食品，特別是味噌、醬油與納豆，對長壽有著莫大的貢獻。

5-3

味噌的發酵過程

──顏色的差異、麴種的不同，以及製作過程

談到日本的調味料，即使不是發酵調味料也算在內＊，味噌與醬油依然是經典中的經典。就外觀來看，兩者的顯著區別在於液體與固體，但從大方向來看，可以看成「醬油是從味噌演變來的」。

因此，我們先從味噌介紹起。

味噌是將大豆煮熟，然後添加鹽與麴進行發酵所製成的食品。

味噌大致分為紅味噌（赤味噌）與白味噌兩種。這種分類法不是依據大豆的種類或麴的種類，而是依據發酵期間的長短。

味噌或醬油變成茶色或黑色是由於「梅納反應」（Maillard Reaction）這種化學反應，與發酵並無直接關係。進行反應的時間較長，即貯藏期間較長，顏色就會變深。紅味噌是因為貯藏期間長，持續進行梅納反應而變成紅色，醬油的貯藏期間更長，因此變成黑色。

基本上，為了便於保存，紅味噌的鹽分濃度較高而味道很鹹，且因為熟成期間長而味道濃郁。相對地，白味噌的鹽分濃度較低，又有麴

＊提到日本的調味料，除了以字首讀音「さ、し、す、せ、そ」聞名的「砂糖、鹽、醋、醬油、味噌」外，還有味醂等，但砂糖與鹽不屬於「發酵調味料」。

第
5
章

進一步認識味噌、醬油等發酵調味料

的糖分，味道較甜。

另一種味噌的分類方式是根據麴的種類。製作味噌所使用的麴，有用米做的米麴、用麥做的麥麴，以及用大豆做的豆麴。

使用米麴製成的味噌稱為「米味噌」，大部分的味噌都是這一種。而大量使用米麴可以縮短熟成期間，製成白味噌。使用米麴的白味噌以信州味噌、西京味噌為代表，使用米麴的紅味噌則以津輕味噌、仙台味噌為代表。

使用麥麴的「麥味噌」約占日本味噌總產量的11％，主要生產地是九州與中國地區的西部。四國西部主要製作的是麥味噌中的白味噌，而在北關東則是製作使用大麥的紅味噌。

使用豆麴的「豆味噌」目前僅有中京地區在製作。豆味噌使用蒸熟的大豆，經過長時間的熟成而呈現帶點黑色的深紅褐色，與米味噌及麥味噌相比，豆味噌的甜味較少，帶有澀味，但有著濃郁的風味。在名古屋地區，這種味噌稱為「八丁味噌」，用於傳統料理如味噌炸豬排與味噌燉煮烏龍麵等。

那麼，在味噌的製作過程中，大豆會發生什麼樣的變化呢？

原料的大豆、麴的米、麥裡面的澱粉，會被麴菌中的酵素澱粉酶分解為葡萄糖。與此同時，蛋白質會被蛋白酶分解為肽與胺基酸，同樣地，脂質會被脂肪酶分解為脂肪酸與甘油。

如果是不希望酵母發酵的白味噌，到這個階段便已全部完成，亦即短時間就停止發酵以防上色。沒有酵母發酵的豆味噌也一樣，雖會花時間讓顏色變深，但成分變化不大。

但是，作為米味噌代表的信州味噌，以及一部分的紅味噌，會同時

圖 5 - 5 ● 米味噌、麥味噌、豆味噌的製作過程

米味噌、麥味噌的製作過程

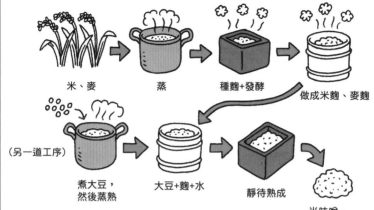

米、麥　　蒸　　種麴+發酵

做成米麴、麥麴

（另一道工序）

煮大豆，
然後蒸熟　　大豆+麴+水　　靜待熟成

米味噌、
麥味噌做好了！

豆味噌的製作過程

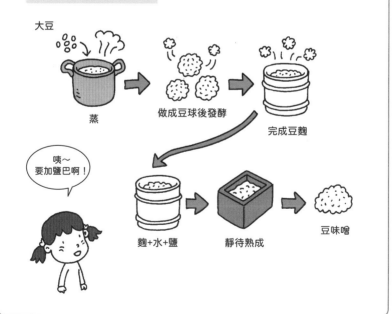

大豆

蒸　　做成豆球後發酵

完成豆麴

咦～
要加鹽巴啊！

麴+水+鹽　　靜待熟成　　豆味噌

進行由酵母與乳酸菌引起的發酵程序。結果，酵母與乳酸菌發酵所生成的成分，會導致更大規模的成分變化。換句話說，葡萄糖會轉變為酒精或乳酸，再進一步結合形成酯類。這些反應帶來的變化，包括增加甜味、出現酸味，以及香氣變得更加濃烈等，時時刻刻都在發生。因此，何時停止發酵，成為確保品質的關鍵。

在這些反應過程中，澱粉被分解為葡萄糖而完全溶解，蛋白質也被分解為胺基酸與肽而溶解，但大豆的細胞壁不會被分解。即使是經過熟成的味噌，也不會變成液體而流動，就是因為細胞壁仍然保留著，發揮了保水作用。

這些殘留的細胞壁對脂質有很大的作用。味噌中含有高達6%的脂質。儘管如此，味噌湯的表面並不會浮油，這是為什麼呢？

這都得拜味噌中保留的細胞壁所賜。換句話說，正是因為細胞壁把脂質封鎖在大豆細胞的殘骸中，味噌的油才不會浮上來。我們可以在不感到油膩的情況下攝取到脂質的營養，就是細胞壁發揮控油功效之故。

味噌文化

　　一般認為，日本關西地區的口味較淡，關東地區的口味較重，這基本上是以醬油為基底的調味。但有一個地區以超越這種調味而自豪。

　　這個地區就是名古屋，他們自豪的是「以味噌調味」。我初次派駐名古屋約莫是在近半個世紀前，當時午餐是「味噌炸豬排」或「味噌燉煮烏龍麵」，晚上吃壽司不是蘸一般醬油，而是蘸味道更接近味噌的「溜醬油」，如果去小吃攤，等待的一定是「土手煮」或「味噌關東煮」。

　　「土手煮」是用味噌燉煮的內臟，從廣島「牡蠣土手鍋」的「土手」演變而來，簡單說就是味噌。然後，連在路上某個店家喝到的味噌湯也是「八丁味噌湯」。

　　現在，溜醬油已經沒有「味噌臭」，土手煮也因為「預防痛風」等因素而消失蹤影，飲食文化似乎正朝著健康取向發展。

　　此外，拜超市與便利商店的努力之賜，名古屋味噌的味道也正在接近全國水準中。味道的改變及進化程度，超乎想像。

醬油的種類、醋的種類

——濃口、薄口、再釀造是什麼？米醋、穀物醋又是什麼？

在日本的發酵調味料中，能與前一節的味噌相提並論的，就是醬油。味噌與醬油都是以鹹味為基礎的調味料，另外的味醂則是甜味的調味料。

醬油可以看作是進一步發酵的味噌。在名古屋地區，有一種與醬油相似的調味料叫「溜醬油」，看起來跟醬油非常像，都是黑不溜丟的，但倒進小碟子裡，會發現它比醬油更濃，帶點黏稠感。就氣味與味道來說，更接近味噌而非醬油。溜醬油是在製作味噌時，將浮在味噌上面的液體收集起來的產物，因此稱為「溜」，意思是積存。知道這點後，自然明白為什麼它的味道會像味噌了。

一般認為「溜醬油」就是醬油的起源。目前日本全國各地流通的醬油有濃口醬油、薄口醬油、再釀造醬油等多種類型。

● 濃口醬油

即一般的醬油，占日本總產量的八成左右。發源自江戶時代中期的關東地區，是江戶料理普遍使用的調味料。原料為大豆與小麥，比例各約一半。

●薄口醬油

顏色較淡，味道較鹹的醬油。由於使用濃口醬油會讓料理的顏色變黑，因此薄口醬油深受強調食材原色的京都料理所喜愛。雖然稱為「薄口」，但很多人不知道，其實它的鹽分濃度比濃口醬油高約一成。釀造過程中會減少麴的使用量，增加鹽水的比例。

●再釀造醬油

又稱為甘露醬油，風味與顏色都較濃厚。

之所以稱為「再釀造」，是因為在釀造過程中使用醬油代替鹽水，換句話說，就是「將做好的醬油再一次做成醬油」。特色是雖然味道較淡，但甘甜味濃郁。常用於茶碗蒸、湯、烏龍麵湯與燉菜等。原料中的大豆用量較少，甚至完全不用，以小麥為主。

味醂是日本料理中不可或缺的調味料，用於增加甜味。它是一種黃色液體，含有40～50%的糖分與大約14%的酒精，酒精含量與日本清酒相當。

味醂是將蒸熟的糯米與米麴混合，再加入燒酎或釀造用酒精，進行約60天的室溫發酵，然後壓榨、過濾而成。

在這個過程中，麴菌的澱粉酶會讓糯米的澱粉糖化，產生甜味。但因為開始發酵時就有14%的酒精，會抑制酵母菌所引起的酒精發酵，結果，糖的消耗減少，味醂就比清酒更加甘甜了。

味醂多用於燉煮、麵湯，以及讓蒲燒醬與照燒醬出現光澤等。它的酒精成分可以抑制魚腥味，幫助食材吸收風味，並防止食材變得糊爛等。此外，它也被用來作為白酒與屠蘇酒的原料。

醋是調味料中酸味的代表。除了醋之外，酸味的東西還有檸檬、酸

梅乾等，葡萄酒也有酸味。

雖然都是酸味，但這些酸味的成分全都不一樣。首先，醋的酸味來自醋酸，含量約3～4%左右；檸檬與酸梅乾來自檸檬酸，而葡萄酒的酸味則是來自酒石酸。因此，品嘗時應能感受到各種酸味的差異才對。

醋的原料很多，但基本上是透過醋酸菌將乙醇進行醋酸發酵而成的。米醋是日本傳統的醋，做法是先用米、麴和酵母製成酒，再加入醋酸菌進行醋酸發酵。

醋的種類繁多，日本人主要使用的是米醋與穀物醋。

米醋，正如其名，是只用米製成的醋。它富含檸檬酸，並帶有米的甜味與香濃的口感，非常適合搭配和食，特別是在製作醋飯時經常使用。由於加熱會讓米醋的香氣跑掉，因此多半用於醋飯、醋拌涼菜、南蠻漬等不加熱的料理。

穀物醋的原料有米、小麥、玉米等。穀物醋普遍被當成一般的醋來使用。它的香氣較淡，幾乎不受加熱的影響，價格上也更經濟實惠。

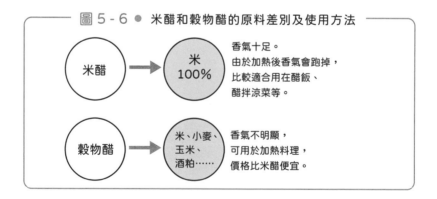

圖 5-6 ● 米醋和穀物醋的原料差別及使用方法

米醋 → 米 100%
香氣十足。
由於加熱後香氣會跑掉，
比較適合用在醋飯、
醋拌涼菜等。

穀物醋 → 米、小麥、玉米、酒粕……
香氣不明顯，
可用於加熱料理，
價格比米醋便宜。

除了米醋與穀物醋，還有一種特殊的醋種，就是黑醋。黑醋是經過熟成的米醋製成的，特色是胺基酸非常豐富，因此無需消化就能直接

變成能量，具有消除疲勞恢復精神的效果。它的香氣十足，口感滑潤，非常適合用於中華料理、海鮮料理與飲料。另外還有一種稱為中國黑醋的香醋等，種類不勝枚舉。

世界各地的發酵調味料

———這些醋與醬，和日本的不一樣

綜觀世界各地，主要的發酵調味料是「醋」與「醬」。日本的醬有時讀做「ひしお」（hisio），有時則直接用中文發音「ジャン」（zyan）。

醋根據原料可以分為葡萄醋與蘋果醋。葡萄醋是由葡萄酒，即葡萄製成的醋，不僅有普通醋的功效，還富含葡萄酒中的多酚，而據說多酚具有抗氧化作用。它的特色是味道很酸，適合製作沙拉醬與醃漬物。

義大利的巴薩米克醋也是葡萄製成的，但它和一般的葡萄醋不同，需要將葡萄果汁進行3～7年的陳釀，因此具有味道甘甜深邃的特點。

另一方面，蘋果醋是由蘋果製成的醋。與其他醋相比，蘋果醋富含鉀。鉀可以排出體內多餘的鹽分，對浮腫與高血壓等很有效。它的酸味不強，清新宜人，適合用於甜品與飲料。

醬是一種主要在中國使用的膏狀調味料，是利用麴與食鹽讓各種原料發酵製成的。根據原料的不同，有使用大豆等穀物的穀醬，使用肉的肉醬，以及使用魚的魚醬等。日本人熟悉的味噌與醬油，也可以看作是穀醬的一種。

醬的歷史悠久，據說可以追溯到西元前8世紀的古代中國。西元前

5世紀的《論語》中也記載著孔子使用醬的飲食習慣。一般認為，早期的醬和現在日本常見的漬物「鹽辛」很接近。

豆瓣醬是一種由蠶豆、大豆、米、大豆油、麻油、鹽、辣椒等原料製成的調味料，以獨特的辣味著稱，常用於麻婆豆腐、擔擔麵等，是四川料理中不可或缺的調味料。

甜麵醬則是由麵粉、鹽、麴等原料製成的甜味調味料，常用於回鍋肉、北京烤鴨、麻婆豆腐、春餅等料理，也可以直接當蘸醬享用。

近幾年日本很流行XO醬。這種醬出現在1980年左右，目前並無明確的定義。它的名字源自於表示白蘭地最高等級的「XO」，至於原料則是因店家而異。

苦椒醬是朝鮮半島常用的調味料，由糯米麴與辣椒粉製成，特色為辛辣，是韓式拌飯等韓國料理的標配。

韓國大醬也是朝鮮半島的傳統調味料，是由大豆發酵製成的，跟日本的味噌很相似。

伍斯特醬又稱英國黑醋，是英國開發出來的一種調味醬，主要原料包括浸泡在麥芽醋中發酵的洋蔥與大蒜，還有鯷魚、酸豆（豆科常綠喬木）及多種香料。不過，日本的伍斯特醬並未使用鯷魚。

還有一種很重要的醬，就是前面提過的用魚做的醬，即「魚醬」。它是醃漬小魚使之發酵時產生的液體。日本秋田縣的「鹽魚汁」、能登半島的「魚汁」、香川縣的「玉筋魚醬油」等，都是知名的魚醬。其實亞洲各地如中國、韓國、越南、泰國，都有獨特的魚醬或魚露。

無論哪一種，做法都是將當地取得的沙丁魚等小魚或小蝦鹽漬後放置數個月。過程中，這些魚蝦會因發酵的關係而溶化成液體。將這些液體過濾，取出上面清澈的部分，就是可作為調味料的魚醬了。有些魚醬不僅使用小魚，還會加入蔬菜進行發酵。伍斯特醬因為裡面混合

了鯷魚做成的魚醬，因此有人也將它歸類為魚醬。

　　這些魚醬都有魚類特有的味道，但有穀醬所沒有的風味與濃郁，經常用來當成各種料理的調味料，或是少許加一點當成提味用。

「手前味噌」的由來與豐臣秀吉有關？

日文中有個四字成語「手前味噌」，意思是自吹自擂、老公賣瓜。味噌有紅味噌、白味噌、米味噌、麥味噌等種類繁多，而且各有各的獨特味道、香氣與鹹度。

仙台的朋友總是說：「味噌當然就是仙台味噌！」仙台味噌之所以名氣響亮，據說是豐臣秀吉征討朝鮮時，各藩送去的味噌都因為無法適於朝鮮的氣候而臭掉，唯獨伊達正宗送的仙台味噌保存完好，這是因為仙台味噌的鹽分含量很高。

至於「手前味噌」這句成語的起源有各種說法，有人說是指自己家裡做的味噌最棒，有人說是「味噌」這個詞本身就有炫耀意味。

除此之外，還有許多與「味噌」相關的諺語，顯示味噌與人們的生活息息相關。例如：

●有味噌就不用看醫生：對健康（治病）有很大的功效。

●磨味噌：阿諛奉承、拍馬屁（同「磨芝麻」）。

●味噌和屎擺一起：好壞摻雜在一起。

●一碗味噌湯三里力：早上喝下一碗味噌湯就有走三里路的力氣。

●老婆與味噌越陳越香：能和老婆相知相伴很好。也有一種相反的說法是「老婆和榻榻米新的好」。

●買味噌的人家不蓋倉庫：從前，在家自製味噌是理所當然的事，因此連味噌都要花錢去買的人家，肯定存不了錢。

專攻化學的筆者，居然介紹起不在專業範圍內的「成語與諺語」，是不是有點「塗抹味噌」呢？那麼就此打住⋯⋯

不好意思，開開玩笑，我們順便來看看「塗抹味噌」的意思吧！

　　「塗抹味噌」意指失敗、搞砸、丟臉。從前人們會拿味噌當藥使用，但不是內服藥，而是外用藥。據說當時人們要是燙傷，會在傷口上塗抹味噌。換句話說，「塗抹味噌」意指「失敗而受傷」，應該是取味噌是冷的，而且有隔絕傷口與外氣接觸的殺菌功效之意。當然，這樣的處方已被今日醫學否定。

　　不過，日本有一首童謠《母親之歌》（かあさんの歌），第三段的歌詞「母親的皮膚乾裂疼痛，塗上味噌」，可見當時的人有皮膚乾裂時塗抹味噌的習慣。雖然塗上鹽巴應該會痛，但似乎有某種程度的效果吧！

第6章

發酵具有
提出蔬菜美味的
力量

 6-1

植物的構成要素

——碳水化合物是植物製造的太陽能罐頭

日本人的餐桌上，肯定少不了所謂的「漬物」與「香物」，也就是蘿蔔、大白菜等醃漬過的醬菜、泡菜。

如果有人說，把蔬菜浸泡在鹽水中就會變成漬物，這絕對不是事實。要製作漬物，必須將蔬菜泡在鹽水中醃漬一段時間，因此才會叫做「漬物」。如果是醃黃蘿蔔、米糠漬等，不只是放蔬菜，還要放入米糠。如果要做成韓式泡菜「辛奇」，還要放入貝類的牡蠣、甲殼類的小蝦等，過程十分繁瑣。

那麼，蔬菜漬物到底是什麼呢？在了解之前，最好先研究一下「蔬菜是由什麼物質構成的」。

蔬菜無疑是植物。與動物相比，最大的不同是植物能進行光合作用。所謂「光合作用」，就是利用水 H_2O 與二氧化碳 CO_2 作為原料，以太陽光能作為能量來源，透過葉綠素製造碳水化合物。

碳水化合物這個名稱是怎麼來的呢？來自於它的分子式 $C_n(H_2O)_m$；這個分子式「看起來很像是碳 C 與水 H_2O 的結合」，因此稱為碳水化合物，但它絕不是由碳與水製成的。

碳水化合物就像是植物製造的太陽能罐頭，不能進行光合作用的動物，就是吃這個罐頭來間接利用太陽能。

碳水化合物的典型代表應該是葡萄糖。葡萄糖的分子式是

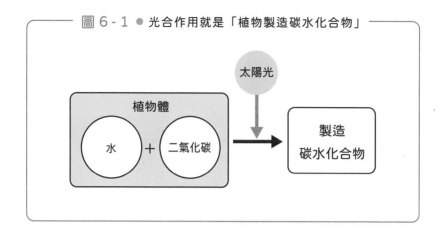

圖 6-1 ● 光合作用就是「植物製造碳水化合物」

太陽光

植物體

水 ＋ 二氧化碳

製造
碳水化合物

$C_6H_{12}O_6$，與上述碳水化合物分子式中的 m＝n＝6 相符。葡萄糖是由數百個分子結合而成的長鏈狀分子，這個巨大的分子構成澱粉與纖維素。澱粉在植物體內經由生物化學反應轉變成蛋白質與油脂。

所有生物都是由細胞構成的，植物也是。細胞是由細胞膜包圍起來的微小容器，裡面有各種小器官與蛋白質、油脂、醣類等。植物的話，細胞膜外側有一個堅固的牆壁稱為「細胞壁」（動物沒有），成為堅硬的木質骨架。

細胞膜是由油脂經化學變化生成的磷脂質所構成的。沒有油脂就無法形成細胞；沒有細胞就不符合生物的定義，那麼就不是生物，只是一個「物體」了。病毒就是這樣的「物體」。因此，為了減肥而戒吃油脂，簡直是在玩命！

另一方面，細胞壁是由纖維素製成的。因此，植物含有大量的纖維素，而沒有細胞壁的動物則不含纖維素。

提到蛋白質，大家會聯想到「好吃的燒肉」，有人還會認真地問：「植物中也有蛋白質嗎？」是的，無論植物或動物，對所有生物而

言，最重要的構成成分應該就是蛋白質了。

　　蛋白質的功能不僅僅是構成肌肉，支撐及活動身體；如果只是這樣，植物就沒有蛋白質的必要了。然而，蛋白質對植物也很重要，因為蛋白質可以變成酵素來發揮作用。

　　酵素是支配生物化學反應的物質，並會根據DNA傳遞的遺傳訊息來建構個體，可以說是個體的建築師團隊。

　　除此之外，植物的主要構成成分還有負責進行光合作用的葉綠素。這是由一種名為「血基質」（heme）的分子與蛋白質結合而成的，此時，蛋白質又發揮了作用。

　　此外，理所當然地，植物也會遺傳，這表示植物裡面也含有名為「核酸」的DNA和RNA。

植
物
的
構
成
要
素

太陽能

地球上之所以有生命存在，都是拜太陽之賜。亮閃閃的太陽光，暖呼呼的太陽熱。如果沒有這些光與熱的能量，地球上可能就不會有生命了。

那麼，太陽能是怎麼發生的呢？太陽是恆星，而所有的恆星都是由氫氣體形成的。太陽之所以能發出耀眼的光芒，是因為其中可燃的氫氣體在燃燒嗎？

事實並非如此。從類似燃燒的化學反應來看，並不會產生如此巨大的能量。太陽能是原子核反應的能量。提到原子核反應，可能會讓人聯想到核子反應爐或原子彈。但這些原子核反應都是由大型原子核分裂所引起的核分裂反應。

太陽上發生的反應則剛好相反，是由小型原子核進行的核融合反應，與氫彈的原理相同。氫彈能夠產生比原子彈多幾百倍、幾千倍的能量。

換句話說，生命是因為核融合這種原子核反應而誕生的，是原子核反應造成生物的繁榮興盛。

6-2

酒精發酵

——就連製作麵包，也有發酵與不發酵的方式

本書的使命是以簡單易懂的方式，並且從科學角度，詳細地介紹發酵這門學問。因此，我們介紹了碳水化合物、魚介類、蛋白質等各種物質的各種發酵情況。

不過，一般提到發酵，大家可能想到的是酒精發酵與乳酸發酵。

酒精發酵是指葡萄糖因酵母（菌）而發酵，產生酒精（乙醇 CH_3CH_2OH）與二氧化碳 CO_2 的反應。最有效利用這種反應的就是釀酒。關於這方面，後面的章節會進一步探討，現在先來看看麵包吧！

麵包是先用水將麵粉搓揉成麵糰，然後放入酵母進行酒精發酵的。這時產生的二氧化碳氣體會讓麵糰起泡，做出充滿氣泡的麵包。在麵糰中加入砂糖，是因為酵母會用砂糖當原料，讓發酵活動更活躍。

如果沒有酵母，可以使用泡打粉（發粉）。這是一種以小蘇打（碳酸氫鈉 $NaHCO_3$）為主要成分的化學物質，與酵母無關。小蘇打會依下面的反應式進行熱分解而產生二氧化碳：

$$2NaHCO_3 \rightarrow Na_2CO_3 + H_2O + CO_2$$

這時會有個問題，就是過程中產生的副產物碳酸鈉 Na_2CO_3，它不僅具有特殊的氣味，還會使麵糰變成黃色。但如果添加某種酸性物質 HX，反應式就會變成下面的樣子，不會產生碳酸鈉 Na_2CO_3。

$$NaHCO_3 + HX \rightarrow NaX + H_2O + CO_2$$

曾有一段時間，日本的部分鬆餅粉會添加明礬作為這種酸性物質。明礬中含有鋁 Al。當時，坊間流傳鋁有害健康，於是消費者變得十分敏感。

據說從前在埃及，人們透過將麵包浸泡在水中並放置一段時間來製作啤酒。這是因為埃及時期的麵包是半生不熟的，即今日的章魚燒狀態。半生不熟的部分仍殘存著酵母，會繼續以麵包的糖分為原料來進行酒精發酵。

現在的麵包是完全烤熟的，酵母已經死亡，因此即使浸泡在水中，也不會再次發生酒精發酵。而且，使用泡打粉的麵包本來就沒有酵母，不可能再次發酵。

蒸氣麵包、咘咘燒？

　　日本新潟縣有一種鄉土點心叫做「蒸氣麵包」（ポッポ燒き），這是一種大約寬 2 公分、長 20 公分、厚 1.5 公分的茶色蒸麵包。口感 Q 彈、味道樸素，但特點是它的香氣。那種黑糖香氣與某種特別的氣味混在一起，據說能勾起鄉愁。製作過程中，烤爐會冒出蒸氣，因此取名為「蒸氣麵包」，又因為烤爐上裝有鳴笛，會不斷發出小小的鳴笛聲，因此又叫做「咘咘燒」。

　　蒸氣麵包的原料是低筋麵粉、水、黑糖，以及碳酸鈉（蘇打）、明礬；獨特的氣味或許就是來自碳酸鈉。這種氣味出現在鬆餅上遭人嫌棄，卻成為蒸氣麵包的人氣特色。如果各位有機會去新潟，不妨品嘗一下。

乳酸發酵而成的漬物

——具有殺死其他細菌的殺菌作用

我們之前提到，植物的發酵有酵母菌引起的酒精發酵，以及乳酸菌引起的乳酸發酵。現在，我們來看看乳酸發酵吧！

漬物中不僅有蔬菜與鹽水的滋味及氣味，還有漬物獨特的滋味和氣味。就算不是韓式泡菜，只要想想大白菜或酸菜做的老泡菜，應該就明白了。這種漬物特有的味道，尤其是酸味及其獨特的氣味、香味，都是乳酸菌引起乳酸發酵的結果。

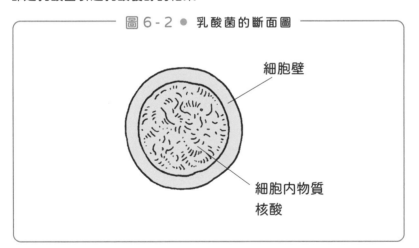

圖 6 - 2 ● 乳酸菌的斷面圖

細胞壁

細胞內物質
核酸

在探討乳酸發酵之前，先來了解一下乳酸菌。乳酸菌是一種將葡萄糖等醣類轉化為乳酸的細菌。乳酸菌附著在人類的皮膚上，也飄浮在空氣中，是一種無處不在的細菌。水果碰撞處會爛掉，是因為乳酸菌

進入破損的組織，將糖分轉化為乳酸之故。

值得注意的是，<u>並沒有一種特定的菌叫做乳酸菌</u>，很意外吧！

它不像麴菌、酵母菌或黃色葡萄球菌那樣，只要知道名稱，就能指出特定的菌。那麼，「乳酸菌」到底是什麼菌呢？

<u>「乳酸菌」這個名稱，並非指生物學分類上的特定細菌種類，而是根據其性質而命名的</u>。一般而言，那些透過發酵從醣類中產生大量乳酸，而且不會產生腐敗物質造成發臭，這樣的細菌就叫做乳酸菌。

<u>能稱為「乳酸菌」的條件</u>如下：

①革蘭氏陽性菌*

②桿菌（棒狀菌）、球菌

③不形成芽孢

④無運動性

⑤能夠代謝葡萄糖而產生50%以上的乳酸

只要滿足這些條件，任何細菌都可以稱為「乳酸菌」，因此，乳酸菌的種類繁多。當然，儘管如此，我們仍然可以將乳酸菌大致分為幾類。

首先是根據它們的產物進行分類，共有兩種，一種是最終只會產出乳酸的同型乳酸菌，一種是除了乳酸外還會同時產生維生素C、酒精、醋酸的異型乳酸菌。

此外，還可以根據細菌的形狀進行分類，例如球狀的乳酸球菌與桿狀（棒狀）的乳酸菌。換句話說，形狀有球狀和棒狀之別。

---

*革蘭氏陽性菌，指的是透過「革蘭氏染色法」會染成藍色或紫色的細菌。而會染成紅色或粉紅色的細菌，稱為革蘭氏陰性菌。

另外，還可以根據它們的生存地點進行分類。包括以下種類：

●腸道性乳酸菌

生存在動物腸道中的乳酸菌。人類的糞便中，每1克的菌數有雙歧桿菌100億個、雙歧桿菌以外的乳酸菌10～100萬個。

●動物性乳酸菌

來自動物，主要用來發酵乳製品。

●植物性乳酸菌

來自植物，主要用來製作味噌、醬油、漬物及麵包等。

●海洋乳酸菌

2009年提出的一種新細菌，是從海洋環境分離出來的乳酸菌，喜歡鹹的環境，而且對鹼性環境有很強的抵抗力。

乳酸菌透過發酵醣類來生產大量的乳酸。顧名思議，乳酸是一種酸，因此有了乳酸，周圍的環境就會變成酸性。

乳酸菌對酸性條件具有強大的適應性，在這樣的環境中依然能夠繼續繁殖。不過，許多其他細菌對酸性的適應性較差，因此，在乳酸菌繁殖的環境中，其他細菌會死亡，換句話說，乳酸菌也具有殺菌作用。

銀製漬物石

用一些小小的惡作劇來嚇朋友是很有趣的事。於是,我曾經為了嚇喜歡漬物的朋友而想出一個惡作劇的方法,將壓在漬物上面的漬物石,從「石頭」改成貴金屬「銀」。銀的價格1克約為60日圓左右,買1公斤也才6～7萬日圓,而且做完漬物後,這些銀還在,不會消耗掉,因此不算是浪費。

「怎麼樣?用銀的漬物石來醃製的漬物,肯定好吃的啦!」我原本想要這樣嚇對方,但後來放棄了。為什麼呢?因為我發現銀製漬物石做不出漬物。

銀有強烈的殺菌作用,因此乳酸菌無法生長。沒有乳酸菌作用的漬物就不算是漬物,只是鹽巴與蔬菜的混合物。

黃金沒有殺菌作用,要是能用黃金就更好了,但黃金價格1克大約5000日圓,1公斤要價500萬日圓。價格的問題太大了。

6-4

什麼是好菌、壞菌？

──透過乳酸菌的作用，改善腸內環境

　　乳酸菌與我們的健康息息相關。乳酸菌中，像是前一節看到的腸道性乳酸菌與動物性乳酸菌，就棲息於我們的體內和體外。

　　這些乳酸菌存在我們的口腔、消化道，甚至女性的陰道內，形成正常菌叢的一部分。乳酸菌不會直接成為人類疾病的原因，反而是對生物體有益的一種屏障，因此有時乳酸菌也被稱為「好菌」*。

　　好菌通常指的是能夠產生乳酸、酪酸等有機酸的細菌，如雙歧桿菌與乳酸桿菌等。

　　而壞菌則以產生臭味與腐敗物質聞名，如「產氣莢膜梭菌」（Clostridium perfringens）、「脆性桿菌」（Bacteroides fragilis）及大腸桿菌等。

　　此外，壞菌以產生具有致癌性的物質，如次級膽酸、亞硝胺而聞名。壞菌多半難以在富含有機酸的環境中生長，因此，能夠產生乳

---

*腸內含有「好菌、伺機菌（日和見菌）、壞菌」，據稱在嬰兒時期約為「7：3：0」，到中年變為「2：7：1」。當好菌的力量減弱，伺機菌會助長壞菌，而好菌強大且健康時，伺機菌則變得安靜。此外，好菌又稱「善玉菌」、壞菌又稱「惡玉菌」，命名者是日本學者光岡知足（1930〜2020）。他在腸道菌叢的研究上領先全球，創立「腸道細菌學」這個新學科體系。2007年榮獲梅契尼科夫獎。

酸，使腸道環境變成酸性的乳酸菌在這方面是有益的。

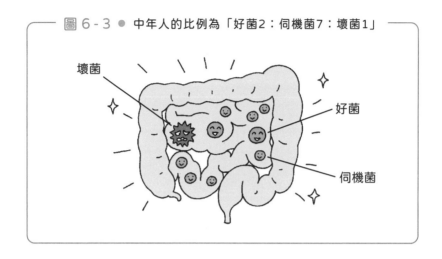

─── 圖 6-3 ● 中年人的比例為「好菌2：伺機菌7：壞菌1」 ───

壞菌

好菌

伺機菌

　　曾在巴斯德研究所工作的俄羅斯科學家伊利亞·梅契尼科夫
（1845～1916），建議大眾多攝取對人體有益的乳酸菌。梅契尼科夫
注意到保加利亞有很多長壽者，於是讓非保加利亞人攝取保加利亞的
乳酸菌，結果發現長壽者的數量增加了，並以此研究成果於1908年
榮獲諾貝爾生理醫學獎。

　　隨後，這方面的研究日益發展，以改善腸道菌叢平衡為目的的產品
也陸續開發出來，其中，內含乳酸菌等活菌，即優格等，稱為「益生
菌」；本身不含活菌但包含供細菌進行特殊利用的寡糖等營養來源，
稱為「益生元」。這些保健食品普遍受到大眾歡迎，市面上都買得到。

　　不過，最初開發的大多數益生菌產品，已證實攝取後乳酸菌幾乎全
死在胃裡，無法到達腸道。因此，人們不斷進行製劑技術與新乳酸菌
株的開發研究，現在已經能讓活菌到達腸道了。

　　遺憾的是，實驗又已證明，活著到達腸道的乳酸菌，也無法在腸道
中生長與繁殖。

另一方面，最近有研究報告指出，加熱致死的菌體也具有預防疾病的效果。

　　此外，有些乳酸菌對人類有害，例如口腔中的乳酸菌，過去被認為是導致蛀牙的原因，但目前則認為，乳酸菌雖然有強大的生產乳酸能力，但附著到牙齒表面的能力較低，而且牙垢中的菌數相當少，因此乳酸菌可能只是促進蛀牙的進展，而非直接引起蛀牙。

各式各樣的蔬菜發酵食品

——乳酸發酵的食物，不必擔心臭掉？

我們吃沙拉會淋點醬汁。因此，當沙拉進入口中，已經是蔬菜與醬汁的混合物了。

但日本人平常吃的蔬菜漬物，並非只是蔬菜與鹽水的混合物。蔬菜浸泡在鹽水中，即使是所謂的淺漬，也需要數十分鐘，像是大白菜與野澤菜等老泡菜則需要幾個月，甚至要半年以後才能享用。

日本傳統的蔬菜漬物，在醃漬期間有個特色，就是將蔬菜浸泡在鹽水中以後，天然環境中的乳酸菌會滲入蔬菜與鹽水裡，乳酸發酵就此開始。

簡單來說，乳酸發酵是將 1 分子的葡萄糖（$C_6H_{12}O_6$）分解為 2 分子的乳酸（$C_3H_6O_3$）。乳酸菌利用此化學反應產生的能量進行生命活動，與此同時，乳酸菌使環境變成酸性，阻礙外敵微生物的繁殖。

在此過程中，乳酸菌不僅會產生乳酸，還會產生各種有機酸與醇類等副產物。同時，滲入漬液的各種細菌會以獨特的方法分解葡萄糖等醣類，又會產生各種醇類與有機酸。結果，各種醇類與各種有機酸發生反應，進而生產出各種的酯（參考第 2 章第 2 節）。

酯這種化學物質通常具有芬芳的香氣，因此，漬物除了有乳酸特有的酸味外，還會有獨特的香氣。

世界各國、各民族都有各式各樣的蔬菜漬物，除了日本的鹽漬、糠

漬、醃黃蘿蔔外，其他還有韓國泡菜、德國酸菜、俄羅斯的酸黃瓜等。

乳酸菌不僅能為發酵漬物提供獨特的味道與香氣，還能透過大量產生乳酸，讓漬物呈酸性，抑制其他細菌的繁殖。換句話說，<u>經乳酸發酵的食物，其實不必擔心會臭掉、變質</u>。

此外，也有利用發酵來分解毒物的例子。非洲有一種叫做「cassava」的木薯，人們把它當成主食。而在亞馬遜河流域，人們將「cassava」刨絲再加工成粉末，稱為「mandioca」，也是當成主食。

然而，「cassava」含有一種稱做「氰化物」（cyanide）的劇毒物質，直接食用會喪命。因此，在進食之前必須做去毒處理。所幸這種毒物是水溶性的，只要將「cassava」刨成絲並浸泡在水中，就能去除大部分的毒物。同時，在這個過程中會進行發酵。據說發酵會使「cassava」的味道變酸，想必也是乳酸發酵的一種吧。而且這種發酵也有助於解毒，但具體細節尚不清楚。

日本引以為傲的漬物

漬物是日本引以為傲的蔬菜發酵食品。本章的最後來看看一些獨特的漬物。

○三升漬（北海道）：用青辣椒、麴、醬油，每種各一升的分量醃漬而成。

○煙燻蘿蔔（イブリガッコ，秋田縣）：用日式圍爐的煙來煙燻蘿蔔，再利用這種蘿蔔製成的醃黃蘿蔔。「ガッコ」是秋田縣方言，意思就是漬物。

○金婚漬（岩手縣）：將切成細長條狀的胡蘿蔔與牛蒡用昆布捲起來，然後塞進去籽的越瓜裡，再放進味噌中醃漬而成。

○三五八漬（福島縣）：以3：5：8的比例混合鹽、麴、糯米後煮熟，放置一週，再用它來醃漬各種蔬菜、魚等。

○晚菊（山形縣）：將菊花等各種蔬菜切碎，再以鹽巴醃漬而成。

○杏仁子漬（新潟縣）：用鹽巴醃漬上溝櫻的果實。

○納豆漬（茨城縣）：將長條狀的蘿蔔乾和牽絲納豆一起切碎，再用醬油醃漬而成。

○寒漬（山口縣）：將鹽漬後的蘿蔔放在寒風中風乾，搗碎後用醬油等醃漬而成。

○醃紅蕪菁（緋のかぶ漬け，愛媛縣）：用橙醋醃漬紅蕪菁，特色是呈現美麗的紅色。

○壺漬（鹿兒島縣）：將搗碎的蘿蔔乾放在甕裡鹽漬，再用醬油調味。

○地漬（沖繩縣）：將切成兩半的蘿蔔與黑糖交互堆疊，醃漬半年左右。

第 **7** 章

魚介類的
美味
來自發酵

魚介類的發酵

——確實提升鮮味

或許是四面環海的關係，日本將魚介類做成食品的技術優越，特別是魚介類的發酵食品，種類之多非他國所能比擬，製作技術也相當發達、成熟。魚介類的主要成分是蛋白質與油脂。這些成分在發酵過程中會發生怎樣的變化呢？

正如在第6章中看到的，澱粉經過發酵會產生很大的變化。高分子的澱粉被酵素分解為單位分子的葡萄糖，葡萄糖再二等分為2分子的乳酸。

然而，蛋白質即使經過發酵，也不會像澱粉那樣發生太大的變化，只會分解為單位分子的胺基酸而已。胺基酸不會進一步分解為更小的分子。

只是，如同大家所知道的味精「麩胺酸」一樣，胺基酸有「鮮味元素」的稱號。麩胺酸是昆布與番茄的鮮味，天門冬胺酸則是蘆筍的鮮味。

由於蛋白質在發酵過程中會產生這樣的胺基酸，因此可以理解發酵能提升蛋白質的鮮味。

此外，肉類中含有DNA與RNA核酸，這些核酸經過發酵分解後，核酸組成元素就會釋放出來。這些元素包括柴魚片的鮮味元素「肌苷酸」與香菇的鮮味元素「鳥苷酸」。從這個角度來看，發酵應能提升

鮮味才對。

魚介類的另一個組成要素是油脂，也能被酵素分解而產生甘油及各種脂肪酸。甘油是一種黏稠的油狀物質，具有甜味。

另一方面，脂肪酸是有機酸，具有一些酸味，同時也帶有鮮味。其中有一種脂肪酸叫「琥珀酸」，不但帶有貝類的鮮味，同時也是日本酒中鮮味的要素。

此外，脂肪酸在發酵過程中還可能轉化為其他脂肪酸，甚至可能轉化為對健康及大腦有益的IPA。

這種IPA有時也稱為EPA。IPA與EPA，究竟哪個才正確呢？

IPA是「二十碳五烯酸」的縮寫，這個縮寫是由希臘數字中的20（icosa）、5（penta）與雙鍵（en）的字首組成的。換句話說，IPA意指20個碳與5個雙鍵的脂肪酸。

不過，表示20的數詞以前是用E（eicosa），因此EPA這個名稱一直延用至今。

7-2

 # 特別的發酵法——日晒與鹽藏

——融合經驗與智慧的各種發酵食品

　　日本有很多發酵的魚介類，而且每個地方還有各自獨特的發酵魚介類。這類食物多半是為了長期保存而進行鹽漬，即所謂的「鹽藏品」，而「乾物」也算是發酵食品的一種。

　　乾物是先將魚介類不要的部分（如內臟等）處理掉，可食用的部分則是進行鹽漬，然後晒乾及風乾。太陽光不僅是熱源，其豐富的紫外線還能殺菌，防止魚類腐敗。在這個乾燥過程中會不斷發酵，產生乾物獨特的鮮味。

　　竹莢魚乾、沙丁魚乾、星鰻乾、魷魚乾，以及海參內臟乾（海參卵巢乾）等，無一不具有獨特的鮮味，與生魚的新鮮風味截然不同，這是因為發酵過程產生了胺基酸。此外，還有在乾燥之前使用味醂調味的味醂乾、以燒酒調味的燒酒乾等。

　　有些中華料理會將魚介類先晒乾，料理前再泡水還原。用來提鮮的干貝也常用在日本料理上。其他如鮑魚乾、魚翅乾、海參乾等都很有名。

　　那麼，為什麼要這麼麻煩地先將食物乾燥起來呢？這是為了讓它發酵來增加胺基酸。經過日晒的魚類，裡面的胺基酸會增加，一如前述，會比新鮮的生魚更富鮮味。

　　有一種特殊的乾物稱為「灰干」，主要是利用火山灰來製作魚乾。

做法是先將魚去除內臟，泡在薄鹽水中，然後拭去水分，用紗布或和紙包起來。接著，拿一個盒子裡面裝火山灰，將這些魚放在上面，再蓋上一層火山灰，靜置一段時間。

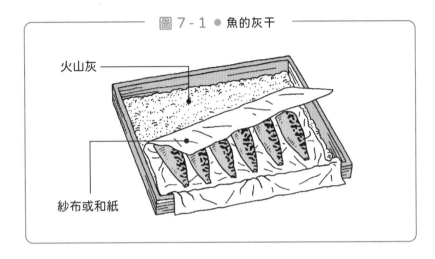

圖 7-1 ● 魚的灰干

火山灰

紗布或和紙

透過這道「灰干」程序，最後魚的水分會被火山灰吸掉而變成魚乾。此時，魚腥味的成分阿摩尼亞（氨的氣味）也被多孔性的火山灰吸收掉了。

此外，由於可在低溫下乾燥，也有減少魚肉受損的效果。

在伊豆群島製作的臭魚乾，也算是一種特殊的乾物吧！將竹莢魚等對半切開，去除內臟，再泡進「臭魚汁」這種特殊的液體後，進行乾燥。不習慣的人會無法接受這種難以入口的特殊氣味，但喜歡的人就很喜歡它的獨特鮮味。

這個鮮味的祕密就在「臭魚汁」。江戶時代，伊豆群島被強制徵收食鹽作為地租，食鹽是相當珍貴的物品。因此，做魚乾用的鹽水，泡完魚後不會丟棄，而是一直重複使用，結果，<u>鹽水中繁殖出乳酸菌等，因而產生獨特的氣味與鮮味</u>。

說到發酵魚介類的代表，當屬「鹽辛」。這是典型的鹽藏品，有各種不同的種類，最著名的是魷魚的鹽辛，也有章魚的鹽辛。鮪魚的內臟鹽辛「酒盜」也很有名，用鮭魚腎臟做的「女奮」，也是老饕熟悉的美味。

海參的內臟鹽辛「海鼠腸」是知名的高級珍味。香魚的內臟鹽辛稱為「ウルカ」（uruka）。魚卵的鹽藏品也很有名，如鱈魚子的鹽藏品，或者使用辣椒做成的明太子。

此外，鮭魚卵的鹽藏品，如「筋子」*、「イクラ」（ikura）*也很受歡迎。將烏魚卵進行鹽藏後風乾，形狀類似中國的墨條，因此也稱「唐墨」，是豐臣秀吉喜愛的高級珍味。

這些全都在鹽藏過程中進行發酵，蛋白質分解為胺基酸，增加了鮮味。在新潟，鮭魚經過1～2週的鹽藏後，浸泡在水中去鹽，然後在寒冬時期掛在不受日照的戶外風乾，做成「鹽引」這種鄉土料理，具有獨特的風味，與另一種鹽漬鮭魚「荒卷鮭」很不一樣。

鹽引，通常是風乾（晾在通風處自然乾燥）數週後食用，但有些會風乾到夏季。這種情況下，肉會變得緊實，呈現半透明的紅褐色；然後切成薄片浸泡在酒中，做成「酒漬鮭魚」（鮭の酒浸し）就是一道美味的下酒菜，具有長期低溫發酵及熟成才有的獨特鮮味。

在九州，有一種用搗碎的小招潮蟹做成鹽辛的「蟹漬」，是當地知名的鄉土料理。

---

*日本的鮭魚卵有許多種名稱，例如「ハラコ」（harako）、「イクラ」、「筋子」等。「ハラコ」是有卵巢膜包住的狀態，「イクラ」是去掉卵巢膜後分散的狀態。有時「ハラコ」也叫「筋子」，但通常「筋子」是指「ハラコ」鹽藏後的產品，因此，「ハラコ」又叫做「生筋子」。

世界各地也有類似的食品。東南亞的「蝦醬」不是用微生物發酵，而是用原材料本身的酵素來發酵的。韓國的「洪魚膾」是讓鰩魚發酵製成的。而歐洲的醃鯷魚（anchovy）是讓小銀魚發酵而成的。

傲視全球的「柴魚乾」

──柴魚乾的做法、去除河豚毒素的方法

日本料理中，有一種不可或缺的調味料就是「柴魚乾（鰹節）」。柴魚乾有很多種，最傳統、最正宗的一種叫做「枯節」或「本枯節」。

這是一種將鰹魚乾燥發酵到極致的食品。製作方法如下：

首先，將鰹魚切成三枚切（分切出左右側魚肉及中骨），然後用水將魚片部分煮熟。接著，去皮，整理好形狀，進行半乾燥，這樣的成品叫做「生利節」，不是當調味料用，而是直接吃、直接入菜。

如果要做成柴魚乾，就將三枚切的魚片部分再縱向對切成二等分。此時，背側部分的柴魚乾叫做「雄節」，腹側部分的柴魚乾叫做「雌節」。雌節的背面有一點凹陷，這是因為它是在腹側，內臟部分已經拿掉的關係。因此，只要看形狀就能判斷是雄節或雌節。

此外，使用小型鰹魚，以三枚切狀態做成的魚乾，叫做「龜節」。

將切好的魚塊整理好形狀，進行煙燻處理以增添香氣。用菜刀修掉燒焦及受損的部分，修整出美麗的形狀，然後晒乾，這樣的魚乾叫做「荒節」或「薩摩節」。

要製作「本枯節」，就要再添加黴菌。先在「荒節」上面噴灑培養好的鰹節黴菌，然後放在密閉的房間中讓黴菌繁殖。之後削去黴菌，再次乾燥。

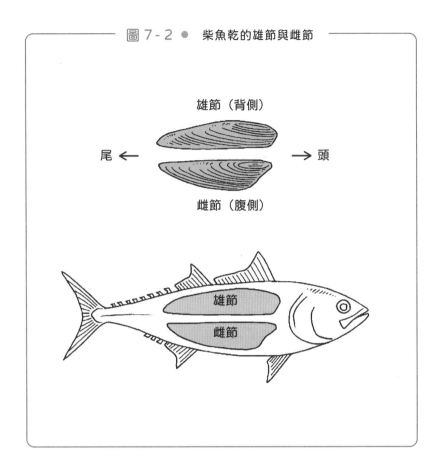

圖 7-2 ● 柴魚乾的雄節與雌節

雄節（背側）

尾 ←　　　　　　　　→ 頭

雌節（腹側）

雄節

雌節

　　重複幾次這樣的添加黴菌與乾燥過程，做出來的就是「枯節」，大約要花費幾週時間。而「本枯節」則是花上幾個月甚至兩年，重量會減少到原本的 20% 左右。

　　經過這套過程，黴菌絲會澈底乾燥魚肉內部的水分，發酵與熟成會分解蛋白質與核酸，而產生胺基酸與核酸成分，也就完成將味道凝縮住的保存食品了。

　　前一章中，談到了如何藉發酵去除木薯中的有毒成分，而魚類也有

類似的情況。

河豚含有一種稱為「河豚毒素」的劇毒，但有毒的部位只有肝臟、血液和卵巢，其他部位無毒。肝臟、血液與卵巢中的毒素含量相當高，吃下肚幾乎必死無疑。

不過，在石川縣的能登半島，人們會吃河豚的卵巢，當然經過了特殊處理。這個特殊處理是先將卵巢鹽漬一年左右，然後泡水去鹽，再糠漬一年左右，這樣河豚毒素就能完全被分解而變成無毒了。

實驗顯示，原料卵巢的毒性非常高，約為443單位，但經過鹽漬7個月後，毒性降至90單位，僅剩原本的5分之1；接著糠漬到第二年，毒性進一步降至14單位。換句話說，已降至原本毒性的30分之1了。

然而，到底是透過什麼樣的化學機制來解毒，至今依然成謎。總之，這種無毒狀態是經過厚生勞動省認證的，當地的土產店都可以買到這種「河豚卵巢的鹽漬」。如果有機會，各位不妨嘗一嘗。

傲視全球的「柴魚乾」

吃毒蘑菇

　　從前常聽到這樣的故事。有一個人去山上，看到一種好像很好吃的蘑菇，就問剛好路過的當地人：

「這種蘑菇能吃嗎？」

路人回答：

「啊，可以吃的。」

　　這個人信以為真，沒想到吃下蘑菇後卻嚴重中毒，痛苦得不得了。

　　這個故事有一個隱藏的含義。當地人說「可以吃」，意思是「如果醃漬起來就可以吃」，是有條件的。那麼，「醃漬起來」是什麼意思呢？

　　當地人的「把蘑菇醃漬起來」，意思是說：「把蘑菇放進水中煮熟，然後用鹽巴醃漬，以此狀態放置一整個冬天，為期半年。取出醃漬好的蘑菇，放入水中去掉鹽巴就可以吃了。」

　　在這個過程中，水溶性毒素會流進水裡，有些毒素成分可能會被各種細菌分解掉而變成無毒了。如果不知道這一點，不理解當地人的真正語意，貿然當場吃下剛採的蘑菇，那麼出事是很正常的。

7-4

熟壽司的發酵

——在家自製需謹慎

　　有些食品是魚與飯同時發酵，例如「飯鮨」、「熟鮨」*。這是將飯和麴混合後鋪進容器裡，再放上鯽魚等生魚，然後再放上飯和麴……，像這樣層層堆疊後，保存數週到數月。

　　米飯進行乳酸發酵，其酸味傳給魚，魚也發酵而產生胺基酸，最後做成壽司。一般認為這就是日本壽司的原型。

　　而我們現在吃的壽司是所謂的「速壽司」，是用醋來代替乳酸發酵。

　　瑞典人將鯡魚醃製成罐頭，這種「瑞典鹽醃鯡魚」是公認世界上最臭的食物之一。製作罐頭，通常會將密封的罐頭加熱殺菌，但「瑞典鹽醃鯡魚」既不加熱也不殺菌，因此會在罐內進行發酵，這時候產生的二氧化碳壓力會讓罐頭膨脹。

　　一打開罐頭，內部發酵所產生的惡臭液體與半液化的鯡魚，會連同氣體一起噴出。為了避免被這種液體濺到，最好是在水中打開罐頭。

　　由於會持續發酵，因此有最佳賞味日期，通常是七月製作，到了九月最美味。

　　無論是熟壽司還是「瑞典鹽醃鯡魚」，它們的製作環境都是厭氧的，是肉毒桿菌最適合的環境。肉毒桿菌產生的毒素是所有毒素中最強的。如此想吃這類食品，請不要在家自己製作，應謹慎地選擇由權

*在台灣通常稱「熟壽司」。

威公司或機構負責製作的產品。

　　熟壽司是一種「魚與飯」配在一起的漬物，另外還有一些漬物是將「魚與蔬菜」搭配在一起，我們來看看主要有哪些：

○松前漬（北海道）：將切碎的昆布與切絲的魷魚絲、鯡魚卵等，以醬油醃漬而成。

○鯡魚漬（北海道）：將去骨的鯡魚、蘿蔔、高麗菜用麴醃漬而成。福島縣的鯡魚漬是用去骨的鯡魚與山椒葉浸泡在醬油中。

○鮭魚夾漬（北海道）：將薄切的鮭魚、大白菜、蘿蔔、胡蘿蔔、小黃瓜一層一層疊起來，再用麴醃漬而成。也有用螃蟹取代鮭魚的「螃蟹夾漬」。

○蕪菁漬（石川縣）：以麴漬獅魚薄片與蕪菁薄片。

○油菜鯡魚漬（全日本）：用三枚切的方式切好生的鯡魚及沙丁魚，再切成一口大小，然後與油菜一起醋漬而成。

　　這些都是利用當地取得的「魚＋蔬菜」所製作的發酵食品。

山產「烤米棒」、海產「鹽魚汁」

　　說到秋田縣的鄉土料理，就不能不提到「烤米棒」（きりたんぽ）及「鹽魚汁」（しょっつる）。「烤米棒」是將米飯裹在竹棒上燒烤的竹輪狀食物。它的日文名稱「きりたんぽ」，據說是因為古代練習槍術時用的長槍，會用棉布把刀尖包起來，稱作「たんぽ槍」，而烤米棒外形與這種槍相似，因此得名。烤米棒鍋則是一種以醬油為基底的鍋物，食材除了烤火棒，還有秋田的比內地雞 * 與蘑菇，滿滿的山產風味。

　　相比之下，「鹽魚汁鍋」就是以海產為主的鍋物。「鹽魚汁」是調味料的名稱，指的是將日本叉牙魚等魚類進行鹽漬而製成的發酵液，是一種魚醬，可以用它煮魚來吃。「鹽魚汁鍋」的日文名稱是「しょっつる鍋」，正式名稱是「しょっつるかやき」，而「かやき」是指「貝燒」，換句話說，過去是用扇貝等的貝殼來代替鍋子。

　　因此，「鹽魚汁鍋」的魚通常會切得很小，據說最適合用的魚是銀魚，這點應與當地環境有關。秋田人凡事都有自己的堅持，這些食物也很有秋田風格。

---

* 「比內雞」是自古在秋田縣飼養的雞種，已被指定為天然紀念物，因此無法食用。一般來說，若看到標示「比內雞」的招牌，實際上指的是「比內地雞」，這是由秋田比內雞的公雞和羅德島紅雞的母雞交配而成的土雞，據說繼承了濃郁的比內雞風味。薩摩地雞、名古屋交趾雞、比內土雞並列為日本三大地雞。

第**8**章

肉的
美味與發酵
有什麼關係呢？

 # 熟成與發酵有什麼不同？

——不同之處在於是用自己的酵素或別人的酵素

我們經常聽到「熟成」與「熟成肉」。熟成是指在適當的溫度與濕度下保存一段時間，而用這種方式保存起來的肉，就是熟成肉；另外也有「熟成魚」。

生肉或生魚放太久會腐爛。在中世紀的歐洲，每到秋季與冬季，由於無法提供足夠的飼料讓豬、牛等家畜過活，人們會在飼料短缺的晚秋屠宰家畜，以半屠體狀態保存起來。當然，接近春季時，腐爛的氣味會很嚴重。為了掩蓋這種氣味，亞洲的胡椒成為一種有「東方魔藥」之稱的調味料，更有「價格比黃金還貴」的說法。有人認為，哥倫布、麥哲倫大顯身手的大航海時代，就是為了尋找香料而出航的。

在那個時代，為了避免腐敗，人們將肉加上鹽巴做成生火腿，而魚的話，就像鹽漬鮭魚那樣加上鹽巴做成發酵食品，除此之外別無他法。

那麼，熟成是什麼呢？它與發酵、腐敗又有什麼不同呢？事實上，發酵、腐敗與熟成，本質上是一樣的，它們全都涉及到生物體中的「酵素」──一種對所有生命體的生命活動至關重要的物質。

酵素並非生命體，而是物質，也可以稱之為化學物質。酵素是蛋白質的一種，而蛋白質是燒烤店主角「肉」的同類。

只不過肉，也就是肌肉、脂肪與膠原蛋白等，並非蛋白質的全部。蛋白質中，最重要的是酵素，可說是蛋白質中的菁英。

酵素掌握著維持生物體生命的生化反應。問題在於酵素的屬性。掌管發酵與腐敗的酵素來自該生物體以外的生物體，簡單來說，這種酵素來自食品中的微生物。

而掌管熟成的酵素則是存在於該生物體本身，是「身體產生的酵素」。換句話說，熟成是利用自己擁有的酵素進行的自我發酵。

近年來，在乾燥狀態下熟成的牛肉，即乾式熟成肉，正引發關注。這種肉是在烹調前先行保存一段時間，以改變風味與口感。在這段保存期間，肉會透過本身的酵素進行自我發酵，不論是牛肉、豬肉、鹿肉或鴨肉，都會因為蛋白質的分解而變得更加柔嫩，而胺基酸增加的結果，也會讓味道更加濃郁。

在沒有冰箱的年代，歐洲人將肉懸掛在冰涼的洞穴或地下倉庫中保存，這是經驗累積的生活智慧。只是，如果保存條件不佳，或是保存時間過長，依然會因腐敗細菌滋生而無法食用。

美國農業部（USDA）對乾式熟成肉分成8種等級，進行管理。日本也曾於2015年考慮引入這項標準，但一些企業將熟成方法視為商業機密而拒絕公開，因此計畫遭到擱置。

乾式熟成肉的典型製作過程，是將分切好的肉塊或半屠體放在乾燥熟成庫中存放一段時間，庫內溫度為0～4℃，濕度為80%左右，並保持肉周圍空氣流通。熟成期間為14～35天。

保存過程中會自然長出黴菌，但有時會故意將存放數年的肉上面的黴菌轉移到要熟成的肉上，促使它熟成。無論哪種情況，在烹調之前，當然要將肉表面長出黴菌的部分切掉。

最近已開發出一種好物叫「熟成布」。這種布上面有適合熟成的黴

菌孢子，可以一邊防止有毒黴菌與腐敗菌、食物中毒菌的侵入，一邊進行熟成。這是由經營餐飲店的「Foodizm」公司，以及明治大學農學部村上周一郎副教授開發出來的，據說除了利用肉本身所含的酵素外，黴菌所含的酵素能夠分解脂肪，產生熟成香氣。這個原理與柴魚相同。

8-2

 生火腿的熟成

——只有「生火腿」與「中國火腿」進行過發酵

火腿是需求量相當高的肉製品，種類豐富，有里肌火腿、去骨火腿、生火腿、中國火腿等。其中，<u>利用微生物進行發酵與熟成的是生火腿與中國火腿</u>，一般見到的里肌火腿、去骨火腿等都與發酵無關。我們先來看看一般的火腿吧！

火腿基本上是由豬的腿肉去製作的。使用帶骨腿肉製成的稱為「帶骨火腿」，使用去骨腿肉製成的稱為「去骨火腿」，另外還有使用豬背肉的里肌火腿、使用肩肉的「肩肉火腿」，以及捲起五花肉做成的「五花肉火腿」等。

而所謂的「壓製火腿」，是將豬肉與馬肉、羊肉等獸肉，以及大豆蛋白等輔助原料混合製成，是日本獨特的食品，也可以看作是香腸的變種。

這些火腿的製作方法大致如下。首先整理好豬肉塊的形狀，然後抹上鹽巴或浸泡在鹽水中，進行放血。加鹽能利用滲透壓讓細胞內的水分排出，同時讓鹽巴滲進肉裡，抑制腐敗元凶微生物與黴菌的滋生。此外，肌肉組織吸收了鹽巴後，由膠原蛋白組成的蛋白質纖維會變得鬆散，因而肉質更加柔嫩。

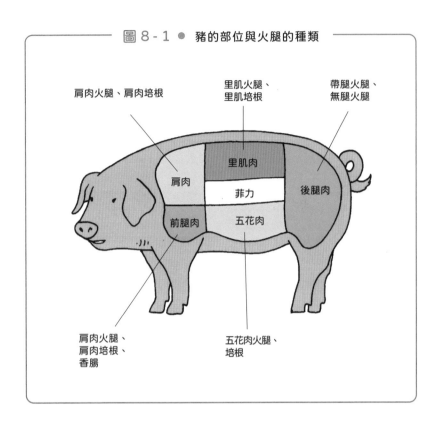

圖 8-1 ● 豬的部位與火腿的種類

肩肉火腿、肩肉培根

里肌火腿、
里肌培根

帶腿火腿、
無腿火腿

里肌肉

肩肉

菲力

後腿肉

前腿肉

五花肉

肩肉火腿、
肩肉培根、
香腸

五花肉火腿、
培根

接著，添加一種保色劑「亞硝酸鈉」（NaNO₃）。在這個階段經過適當的時間熟成後，進行煙燻。煙燻法有用熱煙來燻製的高溫法，以及用冷煙來燻製的低溫法兩種。煙燻完再水煮即可。

另一種利用微生物進行發酵的生火腿，雖然也會煙燻，但不會有水煮等加熱過程。著名的義大利帕爾瑪火腿與西班牙的塞拉諾火腿，都是生火腿的代表。接著就以塞拉諾火腿為例，看看它的製作過程吧！

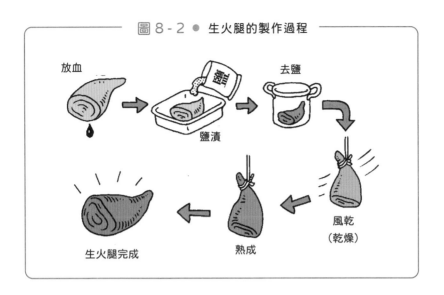

圖 8-2 ● 生火腿的製作過程

放血

鹽漬

去鹽

風乾
（乾燥）

熟成

生火腿完成

　　屠宰後，於豬腿骨下約 5 公分處切斷，加以按摩來放血。將所有血液從中間往末端全部排出，這點至關重要。

　　然後對肉進行鹽漬。鹽漬的時間非常重要。一般來說，每公斤的肉要鹽漬 1 天，但實際的醃漬時間會由生火腿職人自行調整。時間越長，腐敗的可能性越低，但產品本身的鹽分濃度也會增加。

　　接著，將鹽巴用水沖洗掉，將肉移至設定好恆溫恆濕的乾燥室，進行熟成。熟成過程中，生火腿的水分會流失，脂肪會慢慢減少，肉本身會變得更小更硬。乾燥室的溫度會用 6 個月的時間從極低溫逐漸升高，這樣可以讓脂肪穩定，生火腿的肉味更為獨特。

　　之後，在表面塗抹橄欖油等，進入長時間的熟成階段。熟成時間越長，品質越好。通常為 2 年左右，但有些產品的熟成時間長達 5 年之久。

　　中國的生火腿也很有名，例如金華火腿。這是用豬的帶骨腿肉進行鹽漬與乾燥，特色是像柴魚一樣，邊讓表面長出黴菌邊熟成。由於味

道很鹹，幾乎不會生食，主要用來調味，例如與雞肉等一起熬湯，或者與魚、白菜等蔬菜一起蒸煮。

發酵之窗

亞硝酸鈉

稍早提到的保色劑「亞硝酸鈉」，如果不使用它，火腿的顏色會跟一般的保存肉一樣呈茶褐色。此外，它還具有殺菌及保存作用，也有去腥作用，可以去除獸肉特有的氣味。然而，有人指出，它有可能產生致癌物質「亞硝胺」（Nitrosamine）。

問題在於程度。是要注重美味的色澤、殺菌作用等，還是要注重致癌的可能性？近年來，這類難以抉擇的料理問題可說堆積如山，認真思考之餘，酒量不知不覺中增加了。

8-3

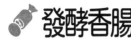 發酵香腸

——乾式香腸與半乾式香腸

作為食肉製品，與火腿齊名的就是香腸了。與火腿一樣，香腸也有發酵與不發酵兩種。在日本，大家熟悉的香腸多半是不發酵的，因此，我們先來看看這種香腸的製作方式。

相對於使用肉塊製作的火腿，香腸則是使用絞肉機絞過的絞肉（肉末）。將這些肉末與添加了亞硝酸鈉的鹽漬劑混合，然後放進2～5℃的冰箱中冷藏，熟成2天至1週左右。

醃漬完成後，將香料與調味料放入肉中，充分混合，然後灌入羊腸或豬腸中，再依喜好的長度擰成一截一截。

灌好的香腸，有些會再進行煙燻處理，有些不會。如果要煙燻，通常是使用櫻木或櫟木等的木屑。燻煙後，再用蒸氣或煮沸方式加熱即可。

有些香腸會利用微生物來進行發酵。那就來看看這種發酵香腸的製作方式吧！發酵香腸與一般香腸的區別在於將原料肉灌進腸衣後，會放在陰暗處讓它自然發酵；不過，現在大多是添加乳酸菌等可作為菌酛的微生物。

發酵香腸分為熟成期較長的「乾式香腸」與熟成期較短的「半乾式香腸」。以莎樂美香腸（Salami）為代表的義大利乾式香腸，熟成期為

12～14週，水分含量約為20～30％左右。相對地，半乾式香腸的
熟成期為1～4週，水分含量約為30～40％左右。

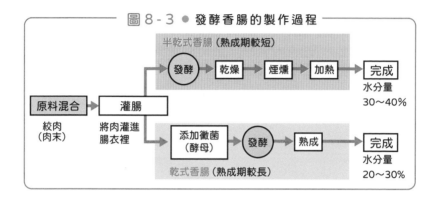

在日本，一般的發酵香腸以莎樂美香腸為主，而在歐洲，則有許多
種類的乾式香腸。

在西班牙，以被白黴覆蓋的發酵香腸「鞭子香腸」（Fuet）最有名。
它因為有乳酸發酵而味道濃郁，並含有脂肪而柔嫩可口；跟卡芒貝爾
起司一樣，外層的白黴可以食用。另有一種相似的產品叫「塞卡約
納」（Secallona），它比鞭子香腸細，會對半折起來。

琳瑯滿目的發酵肉食品

——幾乎全是發酵香腸的變種

　　將肉發酵做成的食品主要是火腿與香腸。其他世界各國的「發酵肉食品」，幾乎都可視為發酵香腸的變種。

　　泰國北部有一種傳統的發酵香腸叫做「尼姆」，製作方法是在新鮮的豬肉裡面放入食鹽、大蒜、辣椒與糯米飯，在常溫下發酵數日。結果，乳酸發酵讓 pH 值下降變為酸性，抑制了微生物的繁殖。

　　做好的「尼姆」帶有適度的酸味，通常吃的時候會加熱，據說也可以生吃。

　　在越南的河內等地，很流行一種叫做「年姆茶」的發酵香腸。「年姆」是春捲的意思，「茶」是「酸」的意思，因此這是一種「酸豬肉的發酵香腸條」。這些細小的香腸一根一根包裹在香蕉葉中，類似於「柿葉壽司」（在奈良、和歌山、石川和鳥取等地都很有名）或笹壽司（竹葉壽司）。

　　材料包括豬絞肉、豬皮絲、辣椒、大蒜與其他調味料。肉有經過發酵，但沒有加熱處理。

　　在日本，提到熟壽司，通常是指飯以外的配料只有魚，如鯽魚、日本叉牙魚、鮭魚等。這可能是因為過去日本沒有吃牛、豬等獸肉的傳統。

　　由此不難想像，有吃獸肉習慣的國家，人們可能會利用獸肉來做熟

壽司。

　　事實正是如此，在有吃獸肉習慣的中國，人們很喜歡用牛肉與豬肉來製作熟壽司。中國的肉類熟壽司不僅能直接吃，還會與蔬菜等一起拌炒。發酵過的畜肉既美味又營養豐富，保存期限也較長。期待日本未來也能將發酵應用在畜肉加工中。

發 酵 之 窗

熟壽司

　　在日本，製作熟壽司主要集中在關東以北地區。滋賀縣的「鮒壽司」可能是個例外，這是因為人們擔心腐敗甚至是食物中毒問題。

　　就像熟壽司與漬物一樣，食物放在密封容器中保存時會處於無氧狀態，容易產生厭氧菌。厭氧菌中最可怕的就是肉毒桿菌。因此，製作熟壽司時，不僅容器的底部，還會如「飯、魚、笹、飯、魚、笹」這個口訣般，大量使用「笹葉」，而且用的是「熊笹葉」，即山白竹的葉子，因為它具有殺菌作用。

　　即使如此，熟壽司仍有可能引起食物中毒，必須特別小心。

第**9**章

乳製品類的
發酵食品
有哪些？

9-1

牛奶的成分是什麼?

——先將乳糖分解好

　　乳汁是哺乳動物哺餵幼兒的體液,營養豐富。各種動物的乳汁成分相似,但成分的比例不同。圖9-1是最具代表性的牛奶的成分及比例(%)。

　　牛奶的重量中,有87.6%是水,這個比例各種動物幾乎相同。但牛奶中的乳糖含量是4.6%,這個數值就跟馬奶與人奶(母奶)有很大的差別。馬奶與母奶的乳糖比例超過7%。馬奶的成分與母奶相似,因此也會用來製造嬰兒奶粉。

　　乳糖是雙醣類的一種,由單醣類的葡萄糖與半乳糖結合(脫水縮合)而成。據說最早日本人稱半乳糖為「腦糖」,但現在已經沒人這樣用了。

　　乳糖進入嬰兒體內,會被一種名為「乳糖酶」(lactase)的酵素分解成葡萄糖與半乳糖。葡萄糖會直接轉化為營養素進入代謝系統,半乳糖會在肝臟中被酵素轉化為葡萄糖,然後進入代謝系統。

　　以人類來說,血中葡萄糖濃度超過0.14%即對身體不利。但是,由半乳糖與葡萄糖結合而成的乳糖,即使葡萄糖濃度達到好幾個百分比,也不會對母體產生不良影響。

　　這就是乳汁中的乳糖不會對母體產生不良影響,而且能給嬰兒提供大量糖分的原因。

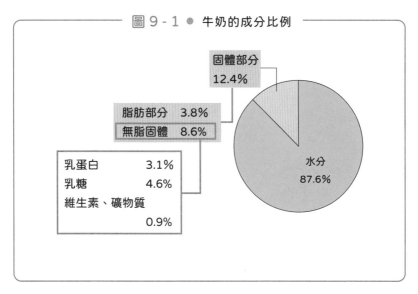

圖 9-1 ● 牛奶的成分比例

固體部分
12.4%

脂肪部分 3.8%
無脂固體 8.6%

乳蛋白 3.1%
乳糖 4.6%
維生素、礦物質
0.9%

水分
87.6%

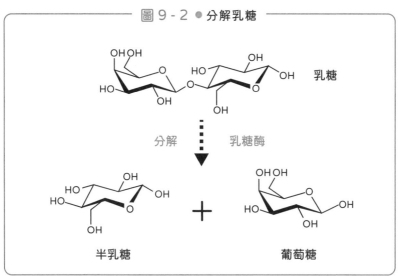

圖 9-2 ● 分解乳糖

OH OH　　　　OH
HO　　　　　　　　OH　乳糖
HO　　　　　　　　　O
OH　　　　OH

分解　　　乳糖酶

OH　　　　　　　OH OH
HO　　　OH　　　HO　　　　OH
HO　　　O　　＋　　　　　　O
OH　　　　　　　　OH

半乳糖　　　　　　葡萄糖

　　母奶中會有一部分乳糖沒被分解而到達大腸，可以用來增加嬰兒腸
道中的雙歧桿菌。

　　牛奶中含有豐富且均衡的營養素與維生素類，被譽為「完全食

品」。但作為一種食品，牛奶並非毫無瑕疵，因為它有可能引發牛奶過敏、乳糖不耐症與半乳糖血症。

牛奶過敏是指對牛奶中的蛋白質，主要是 α - 酪蛋白的過敏反應。日本人中，對牛奶過敏的人數僅次於對雞蛋過敏。

至於症狀，輕者可能只有腹部不適或起濕疹，但嚴重則可能引起過敏性休克而危及性命。通常在嬰兒時期較常見，到了二至三歲有了耐受性後，多半就不再過敏了。據說，對牛奶過敏的人，有13〜20％也對牛肉過敏。

另有一種情況和牛奶過敏不太一樣，有些人喝牛奶會肚子痛或拉肚子，這種症狀以前稱為「牛奶不耐症」，但現在知道原因出在乳糖，於是改稱為乳糖不耐症。

乳糖不耐症是因為分解酵素「乳糖酶」的活性較低而引起的。乳糖酶的活性降低，未能分解的乳糖會殘留在腸道中，引發乳糖不耐症的各種症狀。

以人類來說，除了從小吃乳製品長大的人以外，大多數成年人的腸道中，乳糖酶的分泌都很少。而要預防不適症狀，只要先將乳糖分解好即可。

半乳糖血症是一種遺傳性疾病。由於染色體的隱性遺傳，導致代謝半乳糖的酵素非常少或根本不存在。結果就是血液中半乳糖濃度升高到危險水平而引發各種症狀。

半乳糖血症有時會與乳糖不耐症混淆，但它的症狀更嚴重。由半乳糖血症引起的疾病會對身體造成嚴重損害，包括細胞損傷引起的肝硬化、毛細血管損傷引起的腎功能不全、水晶體滲透壓改變引起的白內障，以及敗血症、腦膜炎等，還可能伴隨語言障礙、失調、骨質疏鬆

症、早發性停經等合併症。如果不進行適當的治療，半乳糖血症發作的幼兒死亡率高達 75%。

防止發病的有效方法是阻斷患者對乳糖與半乳糖的攝取，但某些情況很難避免，例如很多例子是在哺乳後，才發現小嬰兒患有半乳糖血症。

不過，現在可以透過新生兒健檢以早期發現，並進行適當的治療。

9-2

優格

——牛奶不行，優格沒關係

在日本，以牛奶發酵而成的食品，最常見的應該是優格了吧！製作優格所使用的原乳通常是牛奶，但也有使用水牛、馬、羊、山羊、駱駝等各種動物的奶。

優格的起源地有多種說法，包括歐洲、亞洲、中東等，一般認為最早是出現在大約 7000 年前。存在於大自然中的乳酸菌偶然進入裝有生乳的容器中，這應該就是優格的開端了。

據傳，優格是隨著佛教的傳播而傳入日本的，當時寺院裡稱之為「酪」。到了近年的明治二〇年代（1887 年起），優格被稱為「凝乳」，但不是作為飲料，而是作為整腸劑販售。優格的工業生產及作為飲料普及開來，是在太平洋戰爭後，1950 年明治乳業推出的「哈尼優格」，應該是最先上市的先驅。

優格的基本製作方法是將牛奶煮沸，冷卻至約 30～45℃。混入少量的種菌或當成種菌的優格，然後在 30～45℃的環境中靜置一晚。

進行乳酸發酵。由乳酸菌產生的乳酸會讓牛奶變酸並固化，這個固化部分就是優格。優格上面還會形成透明的清液，稱為乳清，可當成飲料或用於烹飪。拜乳酸之賜，優格呈酸性，雜菌不易繁殖，保存性比鮮奶更好。

優格普及全世界是在 100 年前左右。這得歸功於諾貝爾獎得主、

細菌學家伊利亞‧梅契尼科夫（參考第6章第4節），他發表研究指出，保加利亞附近的長壽者相當多，應該是常吃優格的關係，因而引起世人關注。

進一步的研究發現，攝取乳酸菌可清除大腸菌等有害細菌，調節腸道環境；此外，乳酸菌能分解蛋白質成為易於消化吸收的胺基酸，並且增加各種維生素，這點也已獲得證實。

前一節中，我們談到乳糖不耐症的原因是乳糖，而優格可以分解乳糖，不能喝牛奶的人吃優格就沒問題。因此，優格引起了廣泛的關注。

一般來說，乳酸菌可以作為一種腸道細菌而生活在人體的腸道中，但是，優格中的乳酸菌無法在腸道定居。幸好，乳酸菌產生的代謝物能夠減少腸內有害的「產氣莢膜梭菌」（壞菌），促進既有乳酸菌（好菌）的繁殖，起到整腸作用。

乳酸菌的耐酸性各有不同，優格中常用的「保加利亞菌株」不耐酸，在胃酸中會死亡（失活），但該菌體與代謝物能在腸內產生良好的作用。優格中還用了雙歧桿菌，它有很強的耐酸性，不會在胃酸中去活性而能在大腸中定居下來。

目前市面上有很多種優格，我們來看一看主要有哪些。

以製作方法來分，有前發酵法與後發酵法。前發酵法是讓牛奶在桶中發酵成優格後，再裝進容器裡，適用於軟式優格。相反地，後發酵法是在將牛奶放入容器後再發酵，適用於硬式優格。

再來看看做好的成品。原味優格是只有使用鮮奶或脫脂奶粉的乳製品。軟式優格是用前酵發法讓牛奶發酵後，攪碎固體部分，讓它保有半流動性。另一方面，硬式優格是用後發酵法做成的，有些還會加入

果肉等。優酪乳是將前發酵的優格攪碎，做成液體。

　　此外，也有不使用動物奶而使用豆漿製成的優格。

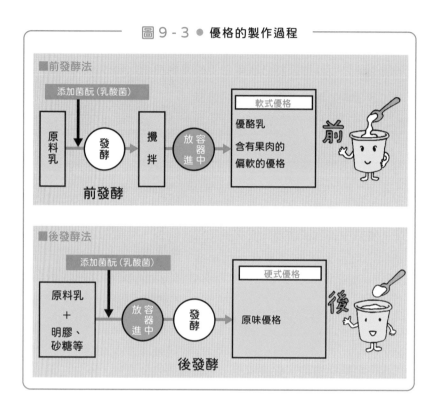

圖 9 - 3 ● 優格的製作過程

■前發酵法

添加菌酛（乳酸菌）

原料乳 → 發酵 → 攪拌 → 放進 容器中

前發酵

軟式優格

優酪乳
含有果肉的
偏軟的優格

前

■後發酵法

添加菌酛（乳酸菌）

原料乳 + 明膠、砂糖等 → 放進 容器中 → 發酵

後發酵

硬式優格

原味優格

後

優格菇

　　牛奶是全世界人都愛喝的飲料，正因為如此，讓牛奶發酵的產品可不只優格而已。

　　夾在黑海與裏海之間的高加索地區，有一種稱為「克非爾」（kephir）的發酵乳，裡面除了乳酸菌以外，還有酵母與醋酸菌，又因為長得像蘑菇，曾在日本以「優格菇」之名而風行一時。

　　印度有一種名為「達希」（dahi）的發酵乳，裡面除了乳酸菌外，還有酵母。尼泊爾則有一種使用水牛或氂牛的奶做成的發酵乳。

　　北歐也有各種發酵乳。芬蘭的「維利」（viili）表面覆蓋著黴菌，具有牽絲般的黏性。丹麥的「伊美爾」（ymer）的特色是固體部分較多，味道很酸。此外，冰島的「絲基爾」（skyr）是由脫脂乳做成的，酸味較少，具有獨特的Q彈感。

9-3

牛奶中特定成分發酵而成的產品

—— 發酵鮮奶油、發酵奶油、天然起司

　　讓牛奶發酵而成的產品，除了像優格那樣讓整個乳汁發酵以外，也有一些是只取牛奶中的特定成分來發酵，例如發酵鮮奶油、起司與發酵奶油等。

　　所謂發酵鮮奶油，是指讓鮮奶油發酵的成品。原本鮮奶油就是指「除去奶中乳脂肪以外的成分，讓乳脂肪達到18.0%以上」的乳製品，因此脂肪含量較高。而依脂肪的濃度，可分為加入咖啡中的18～30%的「輕奶油」，以及打發用的30～48%的「重奶油」兩種。

　　製作鮮奶油的過程，是將還沒精製的牛奶加熱殺菌，靜置冷卻，讓奶油分離到上層，然後取出即可。工業上都是使用離心式分離機來製作。

　　將乳酸菌拌入這個鮮奶油中，進行乳酸發酵後的成品就是發酵鮮奶油，除了原本鮮奶油的濃醇香，還多了乳酸發酵所產生的酸味；可以直接吃，也可以入菜或做起司蛋糕。用來做沙拉醬的酸奶油，可以說是一種發酵不足的發酵鮮奶油。

　　鮮奶油經過激烈搖晃或攪拌，乳脂肪會凝聚成固體，這就是奶油。奶油的成分約80%是脂肪，其餘部分主要是水。要製作100公克的奶油，需要大約5公升的牛奶。

　　讓這種奶油進行乳酸發酵後的成品，就是發酵奶油。不過，近代以

前，奶油中都含有天然乳酸菌，因此所有奶油都是發酵奶油；直到近代，因為衛生設備更加完善，才開始生產出不含天然乳酸菌的無發酵奶油。

在日本，正統的奶油深入日常生活是近代以後的事，因此，日本的情況剛好相反，一般都是無發酵奶油，發酵奶油反而很特別。

製作發酵奶油的方法有兩種，一種是在鮮奶油中添加乳酸菌進行發酵，另一種是將乳酸菌直接混入奶油中進行發酵。無論哪一種，做出來的發酵奶油都有奶油本身的風味，同時還有乳酸發酵所帶來類似優格的酸味，並散發獨特的芳香。

起司可大致分為天然起司與加工起司兩大類。

天然起司是使用乳酸菌或凝乳酵素來凝固生乳，並去除一部分乳清的產品。相對地，加工起司是在天然起司中添加乳化劑等，再經過加熱與重新成型的產品。

製作天然起司的基本步驟如下：

首先，在牛奶中加入醋、檸檬汁等酸性食材，牛奶就會凝固而油水分離；然後用布過濾，取出固體部分，這就是所謂的凝乳起司。

起司的主要原料是奶中的一種蛋白質，稱為「酪蛋白」。酪蛋白的每一個分子中，都包含溶於水的親水性部分，以及不溶於水的疏水性部分，這樣的分子集結成一個集合體（膠體），並在液體中懸浮，這就是乳汁。

在這個乳汁中加入乳酸菌，使pH變成酸性，或者添加一種名為「皺胃酶」（Rennet）的凝乳酵素，這樣酪蛋白分子的親水性部分就會水解而分離出來。酪蛋白分子的疏水性部分無法在水中溶解，它們會集結在一起，並凝固成「凝乳」，而這就是天然起司。

人們常以為起司的主要成分是蛋白質，但其實不然；起司中最多的是重量高達30％的脂肪，其次是20％的蛋白質，然後是大約4％的糖分，剩下的就是水分。

這樣的新鮮起司可以直接食用，但大多數都會經過加鹽、熟成及由微生物引起的發酵過程。

據說起司的種類超過1000種，一般來說可分為8類，屬於天然起司的有①新鮮起司、②白黴起司、③洗皮起司、④藍黴起司、⑤山羊起司、⑥半硬質起司、⑦硬質起司，以及屬於非天然起司的⑧加工起司。

圖 9 - 4 ● 起司的種類

天然起司	新鮮起司	茅屋起司、莫札瑞拉起司、奶油起司等
	白黴起司	卡芒貝爾起司、庫洛米耶起司等
	洗皮起司	埃普瓦斯起司、塔萊焦起司等
	藍黴起司	戈貢佐拉起司、巴伐利亞藍起司等
	山羊起司	中東歐羊起司、瓦朗賽起司等
	半硬質起司	高達起司、芳提娜起司等
	硬質起司	切達起司、埃丹起司等
非天然起司	加工起司	日本人很熟悉的6P起司等

新鮮起司是不經過熟成的起司，白黴起司是外皮長出白黴菌後熟成

的起司，特點是柔軟且奶油味濃郁。藍黴起司是內部長出藍黴菌後熟成的起司。洗皮起司是在表面噴灑鹽水的起司。半硬質與硬質起司都是經過壓榨與去除乳清後熟成的起司，因此體積較大且保存性佳。主要的起司種類已整理在圖9-4。

有些起司的味道非常強烈，最為人所知的就是藍黴起司與洗皮起司了。

藍黴起司是將藍黴菌加到起司中，形成獨特的大理石花紋，尤其法國的羅克福起司，氣味最為強烈，味道也是偏重鹹。

洗皮起司是藉定期噴灑鹽水或葡萄酒等進行熟成的起司。透過這種方式，可以讓亞麻短桿菌（Brevibacterium linens）等特定的菌種繁殖；過程中，這些菌會從起司表面長到裡面去，分解起司的脂肪與蛋白質，轉化成胺基酸等美味成分；氣味則會變成典型的發酵食品氣味，最後質地會變得柔軟濃稠。附著菌類的起司外皮不可食用。

眾多洗皮起司中，法國修道院發明的埃普瓦斯起司最特別，儘管氣味濃烈，但味道溫潤絲滑，這種濃郁又細膩的味道，是其他起司嘗不到的。

同樣在法國製造的芒斯特起司，表面呈橘色，質地黏稠，味道雖然強烈，但入口會有一股濃縮的奶味，非常好吃。

金山起司是僅在秋冬才有的季節限定起司，具有濃烈的氣味，但熟成後會變得非常軟，可以用湯匙挖著吃。

「醍醐」意指「最高級」的美味？

日本有「後醍醐天皇」、「醍醐花宴」（豐臣秀吉在京都醍醐寺舉行的賞花活動）這樣的用語，這個「醍醐」，當時指的就是類似今日的起司。最初它是佛教用語，意指最珍貴的教義。換句話說，會用這麼高貴的稱呼，可見「醍醐」這種食物有多麼美味了。不過，過去的醍醐製作方法已經失傳，難以重現。

根據當時的文獻記載，製作過程是：

「乳→酪→生酥→熟酥→醍醐」

也就是說，將「牛奶」加工成「酪」，然後再加工成「生蘇」（生酥），再熟成為「熟蘇」（熟酥），最後加工成「醍醐」。

從牛奶到生蘇的過程應該是加熱濃縮來的。但是，當時的文獻記載「可獲得占牛奶一成的生蘇」。牛奶中的固體含量為12%，因此，可能是除了加熱，還做了其他的加工步驟，使固體含量從12%減少到10%（一成）；又或者是當時的牛奶固體含量本來就只有10%。

有一種說法認為「蘇」是透過加熱獲得的牛奶固體部分，相當於現在的新鮮起司。如果這樣，「熟蘇」與「醍醐」就是讓這種新鮮起司熟成（熟蘇）與發酵（醍醐）的產品，相當於現在的起司。

然而，根據某些重現實驗的結果，有人認為「醍醐」類似於現在的發酵奶油。種種說法不一，因此「醍醐」的真實身分至今不明。

從今天的角度來看，大家可能會問個很簡單的問題：「起司與奶油真的是『最珍貴』的美食嗎？」像我本人就覺得梅干煮沙丁魚更好吃。人人喜好不同，而且美食也會隨時代變遷。

到了近代，日本人變得不太有喝牛奶的習慣，但在天平與奈良時代，這種習慣似乎是存在的。畢竟佛教起源於印度，在印度，牛奶是常見的飲品，釋迦牟尼佛也喝牛奶，因此當時的日本人沒有避喝牛奶的理由。牛奶和牛肉不一樣，應該與殺生無關，總不能說搶了小牛的飲料就視為殺生吧！

日本有一種用來添入咖啡的鮮奶球產品叫「Sujahta」（スジャータ），這是一名印度少女的名字。相傳，佛陀結束嚴酷的修行時，這名少女做了一些加了牛奶的粥給佛陀吃，因此廠商特別為該產品取了這個名字。

也許在奈良時代，日本人都吃牛奶粥也說不定。目前有些學校的營養午餐也提供用牛奶蒸的米飯，據說很受小朋友歡迎。

第 **10** 章

發酵的綠茶、
紅茶與點心，
是怎麼做的？

綠茶、紅茶、烏龍茶

──酸化發酵到什麼程度呢？

　　無論是在職場還是家庭，每天的休息時間，人們都喜歡輕鬆地享受飲食，其中就有好多是透過發酵製成的，我們就先從飲料看起吧！

　　作為飯後等休息時間的飲品，在日本有番茶、煎茶等綠茶，還有紅茶，以及最近以各種名稱出現的烏龍茶等。

　　這些茶的名稱、味道與香氣各不相同，但原料都是「茶葉」。日本人習慣喝的番茶、煎茶與焙茶等，很抱歉，跟發酵一點關係也沒有，更應該說是特別下工夫讓它們不發酵的。

　　茶葉摘下來後，會立刻蒸菁。蒸菁是透過高溫加熱來殺死茶葉上的天然酵母與微生物。然後，破壞茶葉中酵素的立體結構，使之失去活性。

　　經過蒸菁與揉捻工序的茶葉就是煎茶。揉捻的目的是破壞茶葉的細胞組織，使其中的鮮味成分更容易溶解於水或熱水中。而番茶不是依製造方法來認定，而是以茶葉的品質或是葉子的狀況（例如有沒有莖等）來認定的。至於焙茶，簡單來說，就是番茶或煎茶在高溫下炒製，使之帶有焦香。

　　抹茶雖然是將綠茶製成粉末的產品，但其實還是有點不一樣，抹茶的原料是蒸菁過的茶葉，但沒有揉捻。沒有揉搓而直接乾燥做成「碾

圖 10 - 1● 綠茶、烏龍茶、紅茶的製作方法

綠茶　不發酵系

蒸菁　　揉捻　　乾燥　　綠茶、番茶（煎茶）

烏龍茶　半發酵系

發酵

使之枯萎　　放在鍋中翻炒　　揉捻　　乾燥　　烏龍茶

紅茶　發酵系

發酵

發酵

使之枯萎　　揉捻　　繼續使之枯萎，發酵至變成紅褐色　　乾燥　　紅茶

（萎凋）　　　　　　　（轉紅）

第 10 章

發酵的綠茶、紅茶與點心，是怎麼做的？

茶」後，再用臼等研磨成粉狀，就是抹茶。有些綠茶也會用臼磨成粉，但這種叫做「粉末綠茶」或「綠茶粉」，跟抹茶不一樣。

相對的，經過發酵的茶是紅茶與烏龍茶。紅茶與烏龍茶的區別在於是否完全發酵，完全發酵的是「紅茶」，中途停止發酵的是「烏龍茶」。

製作紅茶，採下來的茶葉要趁半乾時仔細揉捻，目的是破壞茶葉的細胞組織，擠出含有酸化酵素的成分，讓它接觸空氣來進行酸化發酵。

酸化酵素接觸到空氣中的氧氣時會活化，讓茶葉中的兒茶素（一種多酚）以及蛋白質的果膠或葉綠素進行酸化發酵。這種酸化發酵正是紅茶香氣、味道、濃度及呈現紅色的重要關鍵，也是紅茶與綠茶之間的根本差異。

綠茶、紅茶、烏龍茶

10-2

 咖啡

——麝香貓咖啡是腸內發酵的最頂級咖啡？

咖啡與綠茶、紅茶並列，都是普遍受到喜愛的飲料。一般認為咖啡與發酵無關，但植物放久了，多多少少都會發酵。

以咖啡來說，咖啡豆採下後，有的會洗好保存，有的就不洗直接保存。洗的話，因為已經把微生物洗掉就不會發酵，不洗就會發酵。發酵會產生獨特的發酵氣味，口感也會變得粗糙，一般認為這樣的咖啡比較不優，但還是有人偏好這一味，只能說青菜蘿蔔各有所好。

有些咖啡既特殊又昂貴，例如印尼的「Kopi Luwak」與菲律賓的「Kape Alamid」，皆被稱作「麝香貓咖啡」。「Kopi Luwak」中的「Kopi」，在印尼是「咖啡」的意思，而「Luwak」指的是麝香貓。「Kape Alamid」也一樣，「Kape」是咖啡，而「Alamid」是指麝香貓。

雖然對肉食動物的貓來說有點怪，但據說這種貓會吃咖啡的果實；吃下肚後，果肉被消化了，但種子部分會隨糞便一起排出。

這些種子就是麝香貓咖啡，號稱最頂級的咖啡。最頂級的理由是因為它經歷了由麝香貓的腸道細菌所進行的發酵過程，換句話說，咖啡要成為極品，也必須接受發酵的洗禮才行。另外，泰國有一種名為「黑象牙」（Black Ivory）的咖啡，這是將咖啡豆餵給大象吃，再收集大象的糞便製成的。

口味是主觀的，每個人的喜好不同，都要嘗過才知道，因此有機會不妨試試看。根據購物網站上的資訊，這些特殊咖啡豆的價格高達普通咖啡豆的10～20倍。

發 酵 之 窗

酵素的作用

酵素有一些出乎意料的功能。日本人曾在出乎意料的地方利用了這個功能。

據說，直到明治時代，某些行業（可能是花柳界）的女性會用黃鶯的糞便來洗臉。這在化學上是合理的，因為黃鶯是食肉鳥，牠們的消化液中含有蛋白質分解酵素，糞便中應該還有殘留的渣滓才對。用這種方式洗臉，皮膚的角質，也就是死皮，應該會被分解掉。

貓也是食肉動物，或許用貓的糞便來洗臉也能洗出美顏效果，雖然我不建議來這一招啦！

發酵與日式點心

──酒饅頭、櫻餅的葉子、傳統柚子餅

發酵產品已經滲透日本人日常生活的各個角落，連日式點心「和菓子」也是，不過，直接利用發酵技術的倒是不多見。

日本有一種特別的糖漿叫「水飴」，是製作日式點心不可或缺的重要材料，能夠增加甜味與濕潤感，可說是日式點心的幕後英雄。水飴是由煮熟的糯米加入麥芽和糖化酵素，並維持在適當的溫度下進行發酵與糖化的產物。

水飴的主要成分，如果是用麥芽來發酵就是麥芽糖，如果是用糖化酵素來發酵就是葡萄糖。葡萄糖的甜味較強。將水飴脫水、乾燥後的固體物，就是「金太郎飴」、「千歲飴」等日本傳統的糖果。

日本人過年吃的夾了牛蒡的「花瓣餅」，以及五月端午節吃的「柏餅」，裡面的內餡會使用加了白味噌的味噌餡，而味噌當然也是發酵食品。

此外，各種煎餅表面都會塗上醬油再烘烤，醬油也是一種發酵食品。

「櫻餅」的表面有櫻葉，但那當然不是生的葉子，是將櫻葉水煮後瀝乾水分，加入鹽巴，放入木桶中堆積一年左右發酵而成的，是不折不扣的發酵食品。此外，還特別選用表面沒有細毛的大島櫻葉，顯現出日本人做事的一絲不苟，若非如此，就不會呈現那樣的顏色與香

氣。婚禮等場合出現的櫻湯（櫻花茶）中的櫻花，或是擺放在紅豆麵包上的櫻花，都是用新鮮櫻花醃漬發酵而成的。

饅頭有很多種，其中有一種「酒饅頭」，饅頭的皮就用了酒，做法是麵粉加水做成麵糰，再放入酒母（裡面有酵母繁殖的麴），進行酒精發酵。這時產生的二氧化碳會讓饅頭皮膨脹起來，而發酵產生的酒精會讓饅頭皮帶有獨特的味道與香氣。

京都有一種烤菓子叫「味噌松風」，是一種厚實、小長方形的茶色點心。它的麵糰是用麵粉、糖、水飴加水混合後，再加入白味噌發酵而成的。然後將這種麵糰倒入平底鍋，整理好形狀，撒上罌粟籽，再放進烤箱烘烤而成。

說到「葛餅」，通常是指用葛粉（從葛根萃取出來的澱粉）做成的。將水與糖放入葛粉中，加熱並攪拌，使之變成透明至半透明的稠狀。由於葛餅具有Q彈的口感與清爽的外觀，是夏季的人氣甜點。

關東有一種「久壽餅」，它的日文讀音和「葛餅」一樣，都是「くず餅」（kuzumochi），但用的不是葛粉，而是「浮粉」。這種浮粉是採用麵粉做成麩（麵筋、蛋白質）時所剩下來的澱粉，再利用乳酸菌使之發酵而成，因此久壽餅帶有獨特的酸味與香氣。

大家或許知道「柚子餅」，它是在米粉裡摻入核桃，用味噌、醬油和糖來調味後蒸製而成的，散發出濃濃的古早味。

不過，「傳統柚子餅」其實不是這樣的。「傳統的柚子餅」是先切掉柚子果實上的蒂頭部分，挖掉裡面的果肉後，將味噌、核桃、花椒等填入其中，把蒂頭放回去，再整個蒸熟。還要用稻草包起來，用繩子綁好，懸掛在屋簷下幾個月，非常繁複。

在這個過程中會持續進行發酵，完成茶色的「傳統柚子餅」。吃的時候切成薄片，可以當成點心或下酒菜，也能配飯吃。

發酵與日式點心

甘酒是軟性飲料

　甘酒有兩種，一種是用水或熱水溶解酒粕，再放入糖，另一種是將米麴放入粥裡，然後在50～60℃的溫度下發酵一個晚上。放進去的酵母會進行酒精發酵，生成少量的酒精。

　儘管甘酒有個「酒」字，但酒精含量只有1%左右，在法律上被歸類為軟性飲料，未成年人也可以飲用。

發酵與西式點心

──巧克力、香草的香氣，都是發酵來的

西式點心（洋菓子）也有許多是利用發酵做成的。首先是香料。西式料理常會用到各種香料，點心也一樣，尤其不可少的就是香草的香氣。

香草是由香草豆做成的。香草本身是藤蔓植物，長度可達60公尺。花朵長得像蘭花，但壽命很短，只有一天。授粉後會結出豆莢，長度可達30公分，內部長滿了細小的種子。

但這時候還不會有香氣。必須將這些細長的豆莢放起來發酵，然後乾燥，給予濕氣後再次發酵……反覆進行幾次這套過程，香草才會散發出甜甜的芳香。這一整套過程稱為「加工調製」（Curing）。用在點心時，會將豆子連同豆莢一起使用。

巧克力是西式點心不可或缺的原料，它也是發酵製成的。巧克力的來源是會長成可可樹的可可豆。可可的果實直徑約15公分，長度約30公分，呈橄欖球形狀，內部含有約20～30顆種子，就是可可豆。

先讓可可的果實發酵幾天，然後在陽光下晒乾，碾碎，挑出種子部分，進行烘烤。種子含有占重量將近50%的油脂「可可脂」（又稱可可油）。將糖、香料或可可脂放入烘烤後的種子中再細細碾壓，因為油脂的關係會變成黏稠狀的液體，讓液體凝固後就是巧克力了。可可飲料是巧克力加水後再加熱而成的，因此，大家常喝的熱可可，其實

就是熱巧克力。

在日本，最具代表性的西式點心就是草莓蛋糕了，它的底座是海綿蛋糕，是以麵粉、奶油、打發的雞蛋與蛋白霜製成的。蛋白霜的作用是讓海綿蛋糕膨脹起來。

不過，有些海綿蛋糕也是用酵母菌進行酒精發酵而膨脹的，簡單來說，就是用麵包當底座，例如將鮮奶油放在麵包上，再淋上蘭姆酒的「薩瓦蘭蛋糕」（Savarin），以及將萊姆葡萄乾放進麵糰中再烘烤而成的「蘭姆巴巴」（Rum Baba）等。

歐美人在耶誕節期間會吃一種放了很多果乾的水果蛋糕。這種蛋糕的底座是加了酵母的麵包，或是用麵粉、奶油、蛋以重量1：1：1的比例做成的磅蛋糕；果乾會事先浸泡在蘭姆酒或蘭姆糖漿中幾週。

使用這些原料烤製的蛋糕不會直接吃，而是放置一個月左右。在這段時間，蛋糕會持續熟成，味道會更深邃且柔和。這也算是利用發酵做成的點心吧！

菸草的發酵?

——用發酵的葉子捲成的「雪茄」

吸菸有害健康，近年來，有越來越多人戒菸了。菸草除了含有比氰化鉀更毒的尼古丁，還含有會致癌的焦油等各種有害物質。

菸草本身是生長在熱帶的茄科植物。在當地，它是一種多年生植物，但人工栽培時被視為一年生植物，長大後的菸草樹約為 2 公尺高，每棵樹上會有 30～40 片葉子，每片葉子的長度約為 30 公分。

癮君子喜歡的香菸就是用這種葉子做成的。將葉子剪下來，放在適當的地方乾燥後，再存放幾週到幾個月，讓它發酵；最後再經過適當的處理，做成各種香菸產品。

基本上，直接將發酵的葉子捲起來就是雪茄，用的是最優質的菸草葉。將這些葉子切碎並與香料等混合後，就是菸斗用菸草，需要用專門的菸斗來吸。日本的長菸管也算是菸斗的一種，但菸管用的菸草要切得像髮絲一樣細。切成適當粗細的菸草用紙包起來就是紙菸，也就是目前主流的香菸。

以上是點燃菸草並吸入煙霧的類型，但也有不點燃菸草的香菸。

其中最具代表性的是就是鼻菸。鼻菸是將菸草磨成細粉，然後吸入鼻孔，附著在鼻孔的皮膚上。在這種狀態下呼吸，能夠享受菸草的香氣，是歐洲貴族階級如路易王朝等所用的吸菸方式。

但是，鼻孔靠近大腦中樞的海馬區，菸草的氣味對大腦與神經的影

響很大，因此必須說，這是一種危險的吸菸方式。

相對地，嚼菸是拿一小撮切碎的菸草葉放在下唇與牙齒之間，享受與唾液混合的菸草萃取液。

但是，吞下唾液會造成傷害，因此唾液應在適當的時候吐出。從美學和衛生的角度來看，這種方法很難在日本普及。

有一種嚼菸叫做「口含菸」（snus），是將菸草放進一個像小茶包的紙袋裡，再放進下唇與牙齒之間。

近年來，由於禁菸的呼聲高漲，電子菸變得很流行，這是一種利用電子霧化器將液化的菸草成分加熱成霧狀後吸入的吸煙器具。電子菸也可能含有尼古丁，但據說煙霧量小，比較不會被迫吸入二手菸，且對吸煙者的危害也比較少。

尼古丁與氰化鉀

　　有一個用來表示毒物毒性強弱的指標，稱為「半數致死量」（LD_{50}），意指給予實驗動物（例如老鼠）毒物時，會造成50%動物死亡的劑量，表現方式通常為有毒物質的質量與試驗生物體重之比，例如「毫克／公斤體重」。因此，體重為70公斤的人，就要用半數致死量的數值乘以70來計算。當然，LD_{50}越小，毒性越強。

　　根據這個定義，尼古丁的LD_{50}為7毫克。然而，在懸疑劇中經常出現的劇毒氰化鉀（KCN），其LD_{50}為10毫克，這點說明了，至少對老鼠來說，香菸的毒性比氰化鉀更強。

　　氰化鉀的毒性非常之強，但它不是自然生成的，而是人類製造的，並且產量驚人，光在日本就有「每年3萬噸！！」（氰化鈉NaCN的量）。它在工業上的用途多到超乎一般人的想像，例如用來融解貴金屬等。

第 **11** 章

探索
「酒與發酵」的關係

葡萄酒與發酵

——含有多酚的釀造酒

　　酒是指含有酒精（乙醇）的飲料。將酒精加入果汁中，也會成為「酒」，可以說，二戰後不久的那段時期，幾乎所有的酒都是這樣的。

　　然而，正宗的「酒」應該是指透過酵母使水果或穀物發酵而成的飲料，或者以此為原料而加工製成的飲料。

　　從這個角度來看，酒可以分為酒精發酵後直接使用的酒（釀造酒），以及透過蒸餾釀造酒以提高酒精濃度的酒（蒸餾酒）兩種。典型的釀造酒包括葡萄酒、日本酒、啤酒等，而蒸餾酒的典型代表有白蘭地、威士忌、燒酎等。

　　現在就來看一下釀造酒的典型代表——葡萄酒。用葡萄製成的釀造酒就是葡萄酒。葡萄皮上附著了天然酵母，而且葡萄果實中有著滿滿的葡萄糖。這意味著只要儲藏好葡萄，就會自然產生葡萄酒。

　　葡萄酒有各種類型，如紅葡萄酒、白葡萄酒、粉紅玫瑰酒等。它們的製作方法如下。

　　紅葡萄酒是從葡萄果實中榨取果汁，連同果皮、種子一起放入貯槽中發酵。發酵後，拿掉果皮與種子，將液體部分裝入木桶或貯槽中進行陳釀。陳釀完畢後，過濾「酒渣」，即去掉葡萄酒中的沉澱物，然後裝瓶完成。

　　白葡萄酒是在發酵之前去除果皮與種子，因此沒有顏色。

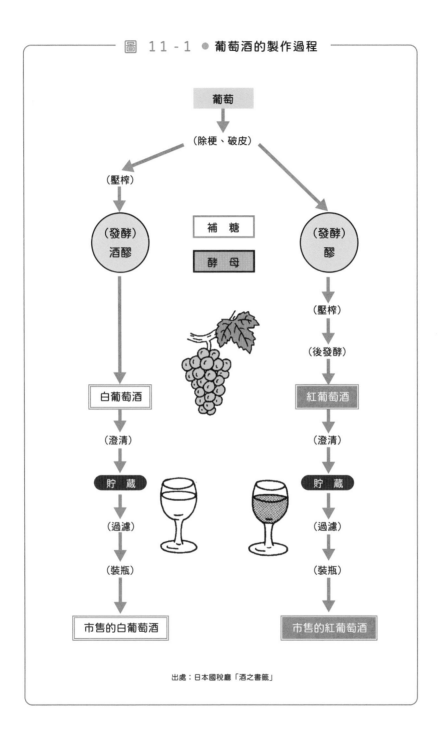

圖 11-1 ● 葡萄酒的製作過程

葡萄

（除梗、破皮）

（壓榨）

（發酵）
酒醪

補　糖

酵　母

（發酵）
醪

（壓榨）

（後發酵）

白葡萄酒

紅葡萄酒

（澄清）

（澄清）

貯　藏

貯　藏

（過濾）

（過濾）

（裝瓶）

（裝瓶）

市售的白葡萄酒

市售的紅葡萄酒

出處：日本國稅廳「酒之書籤」

雖然看似將紅葡萄酒與白葡萄酒混合就會變成粉紅玫瑰酒，但這種做法在歐洲是被禁止的。製作粉紅玫瑰酒有下列三種方法：

❶ 與果皮一起發酵，中途才去除果皮。

❷ 只用黑葡萄的果汁來進行發酵。

❸ 混合黑葡萄與白葡萄來發酵。

　　葡萄酒與日本酒一樣有甜不甜之分，這取決於酒精濃度。如果所有的糖分都轉化為酒精，就會得到不甜的葡萄酒；如果在糖分尚未完全轉化時停止發酵，就會得到甜的葡萄酒。

　　有人認為葡萄酒含有多酚，對健康有益。紅葡萄酒中富含的單寧是多酚的一種。多酚也存在於茶葉與澀柿中。

日本酒與發酵

──大致可分為「濁酒」、「清酒」、「泡盛」三類

日本酒，無庸置疑是日本引以為傲的酒類。如果將日本酒視為日本原創的酒，那麼濁酒、清酒、燒酎、泡盛等，都可以算是日本酒。

因此，本章獨斷地將濁濁的日本酒稱為濁酒（獨酒），透明的稱為清酒，而經過蒸餾的則稱為燒酎。

清酒的原料主要是穀物，例如米。穀物的主要成分是澱粉，而澱粉是由葡萄糖形成的天然高分子。不過，用於酒精發酵的酵母只能利用葡萄糖作為原料，因此，進行酒精發酵之前，必須先將澱粉分解為葡萄糖，而這就是為什麼需要使用麴（米麴）的原因。

讓我們來看看清酒的製作過程。簡單來說，步驟如下：

❶ 將米炊煮成蒸米。

❷ 在蒸米中加入麴，做成米麴。

❸ 在米麴中加入蒸米與酵母，做成酒母。

❹ 將水、蒸米與酒母放入貯槽中，進行發酵。

❺ 發酵結束後，壓榨出酒醪。

❻ 為了停止酵母的活動而進行加熱（火入）。

在仍保有酒醪的階段，酒是白色混濁的，這就是濁酒。用適當的濾材過濾濁酒，去除不溶解的成分後，酒液變透明，這就是清酒。

儘管如此，清酒也有許多種類。這裡講的不是品牌的多樣性，即使

圖 11 - 2 ● 日本酒的製作過程

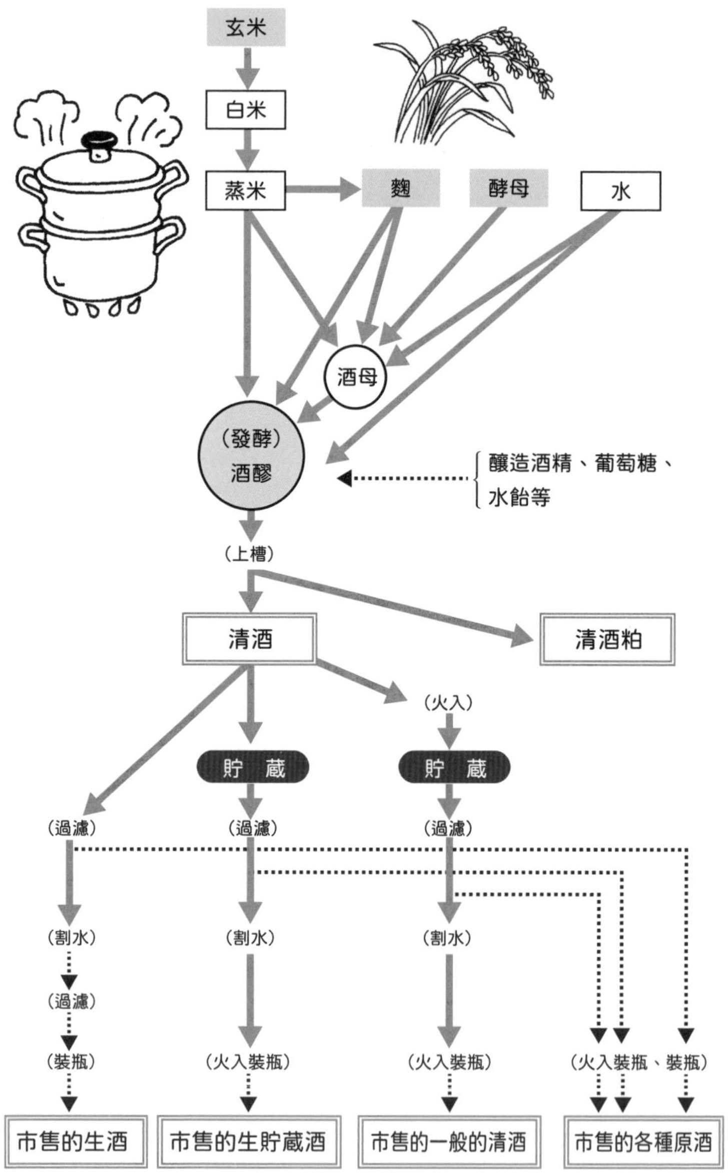

玄米

白米

蒸米 → 麴　酵母　水

酒母

（發酵）
酒醪　◀⋯⋯ ⎡ 釀造酒精、葡萄糖、
　　　　　　⎣ 水飴等

（上槽）

清酒　　　　　　清酒粕

（火入）

貯　藏　　　　貯　藏

（過濾）　　（過濾）　　（過濾）

（割水）　　（割水）　　（割水）

（過濾）

（裝瓶）　（火入裝瓶）　（火入裝瓶）　（火入裝瓶、裝瓶）

市售的生酒　市售的生貯藏酒　市售的一般的清酒　市售的各種原酒

出處：日本國稅廳「酒之書籤」

日
本
酒
與
發
酵

圖 11 - 3 ● 純米酒與本釀造酒的區別

	特定名稱	使用原料	精米步合 （白米／玄米） 的重量比例	麴米的 使用比例	香味等要件
純米酒	純米大吟釀酒	米、米麴	50% 以下	15% 以上	吟釀造、固有香味、色 澤等特別良好
	純米酒	米、米麴	—	15% 以上	香味、色澤等良好
	特別純米酒	米、米麴	60% 以下或是特 別的製作方法 （需標示說明）	15% 以上	香味、色澤等特別良好
	純米吟釀酒	米、米麴	60% 以下	15% 以上	吟釀造、香味、 色澤等良好
本釀造酒	大吟釀酒	米、米麴、 釀造酒精	50% 以下	15% 以上	吟釀造、固有香味、 色澤等良好
	吟釀酒	米、米麴、 釀造酒精	60% 以下	15% 以上	吟釀造、固有香味、 色澤等良好
	特別本釀造酒	米、米麴、 釀造酒精	60% 以下或是特 別的製作方法 （需標示說明）	15% 以上	香味、色澤等特別良好
	本釀造酒	米、米麴、 釀造酒精	70% 以下	15% 以上	香味、色澤等良好

是相同品牌的清酒，也有各種不同的種類。為什麼會如此複雜呢？我們來大致了解一下。

首先，可大致分為「普通酒」與「特定名稱酒」兩類。市面上流通的清酒，有70%是普通酒。普通酒會符合以下三個條件之中的任何一個：

❶ 精米步合為70%以上（即米粒中剔除的部分不超過30%）。

❷ 添加的乙醇超過白米重量的10%。

❸ 使用三等米。

相對的，特定名稱酒被認為是更高級的酒。特別名稱酒的種類可參考圖11-3，共有8種類型，大致分為純米酒與本釀造酒兩種。純米酒與本釀造酒的區別在於是否添加了酒精；純米酒不添加酒精，而本

釀造酒則添加了酒精。

值得注意的是，在表中有「精米步合」一欄，這是指磨過之後的白米占原本糙米的比重，一般家庭用的精米比例約為92%。從這個數字可以感受到用於清酒的米經過了多少的削減。

啤酒與發酵

──酒精含量意外地高，務必留意

在炎熱的仲夏夜晚，啤酒可以像水一樣喝很多，甚至喝得比水更多。由於它的酒精度數約為5度左右，是日本酒的3分之1，因此從體積上來說，只要喝3倍於日本酒的量，感覺到的醉意是一樣的。大啤酒杯的容量約為700毫升，3分之1是230毫升，但1合約為180毫升，也就是說，大啤酒杯的酒精含量相當於1.3合的日本酒，不得不小心以避免過量。

一般啤酒的原料是大麥。大麥中含有澱粉，為了讓酵母進行酒精發酵，必須先將澱粉水解成葡萄糖，而負責這一任務的是大麥芽中的酵素。將酵素製造的葡萄糖轉化為酒精的，就是大家熟悉的酵母。

實際的製作過程是這樣的。首先，將大麥浸泡在水中使之發芽，然後用熱風乾燥。將乾燥的麥芽研磨成粉，再與大麥、溫水一起放入貯槽中，利用酵素將澱粉水解成葡萄糖。將這個麥汁過濾後加入啤酒花，然後煮沸。之後，冷卻至大約5℃，加入酵母後放入發酵槽。透過酵母進行酒精發酵，一共進行7～8天。讓這個初釀啤酒熟成，然後過濾掉雜質即大功告成。

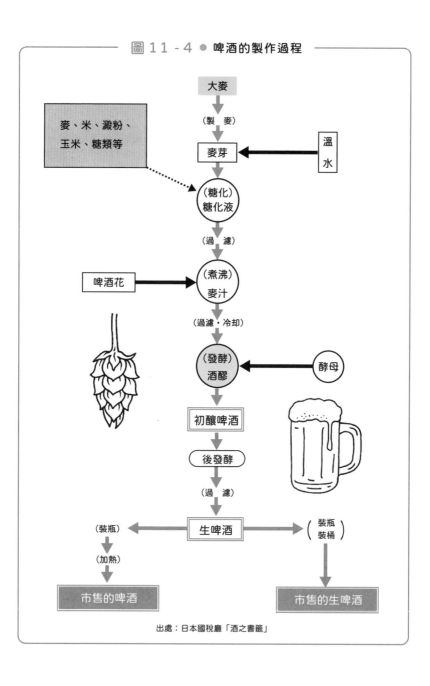

圖 11 - 4 ● 啤酒的製作過程

大麥

（製　麥）

麥、米、澱粉、
玉米、糖類等

麥芽 ← 溫水

（糖化）
糖化液

（過　濾）

啤酒花 → （煮沸）
麥汁

（過濾・冷却）

（發酵）
酒醪 ← 酵母

初釀啤酒

後發酵

（過　濾）

生啤酒

（裝瓶） ← → （裝瓶
裝桶）

（加熱）

市售的啤酒　　　　　市售的生啤酒

出處：日本國稅廳「酒之書籤」

茅台酒的乾杯再乾杯

——茅台酒、馬奶酒

　　有一種非常特別的酒。所有的酒都是由果實、穀物、根菜等，也就是由植物製成的，但這款酒卻是由馬的奶，也就是馬奶製成的酒。製造這款酒的國家是牧畜大國蒙古。到這裡，如果你很快地下結論：「是喔，是用馬奶做成的酒啊！」會有點問題，因為奶不是植物。奶是水與蛋白質的混合物。麴與酵母應該無法利用蛋白質作為它們的營養來源。這就像叫獅子吃羊羹過活一樣荒謬，獅子需要的是肉，而釀酒需要植物（糖分）。

　　不過，其實奶中也含有糖分。正如前面章節介紹的牛奶的發酵那樣，牛奶中含有約4%的乳糖。所有的奶都含有乳糖，但馬奶與人奶（母奶）的含量特別高，都含有7%以上的乳糖。

　　一如先前所見，乳糖是由葡萄糖與半乳糖結合而成的。馬奶酒就是由來自這種乳糖的葡萄糖再經過酒精發酵後的產物。要製作馬奶酒，只需在馬奶中加入相當於酵母的菌酛（例如剩餘的馬奶酒等），然後不斷攪拌。據說，經過2～3天的攪拌，攪拌次數達到數千到一萬次，就可以製成馬奶酒了，真是辛苦的勞動。不過，實際上可能是馬在進行攪拌。菌酛則是使用喝剩下的馬奶酒，以及風鈴草之類的野草等。

　　然而，儘管如此費力，馬奶酒的酒精含量只有1～2%，因此它更

像是一種普通的飲料，而不是酒。但將它蒸餾後製成的蒸餾酒「arkhi」，酒精濃度就會一口氣提高到7～40度了。

擁有四千年歷史的中國，酒的種類相當多。通常，說到中國菜就會提到中國酒，而且多半會提到有「老酒」之稱的紹興酒，但在中國，被稱為國酒的是茅台酒。

茅台酒是蒸餾酒，酒精濃度曾經高達60%以上，但目前大約為45%。它的特點主要在於香氣的高度與強度，具有獨特的濃郁芳香。以我個人的經驗，它的芳香比酒精更讓人迷醉。據說日本前首相田中角榮一晚可以乾掉一瓶45度的老伯威士忌（Old Parr），但當年他訪問中國時，卻因不斷被茅台酒乾杯再乾杯而酩酊大醉，不得不被祕書攙扶著退場。

茅台酒的原料是中國的主食高粱，因此原料與日本酒與威士忌沒什麼不同，不一樣的是發酵方法。茅台酒的釀製從麴開始。首先將大麥或小麥等研磨成粉，加水混合，然後整形成磚，放在溫暖的房間裡，天然的麴菌與乳酸菌等會繁殖而變成麴。

然後將蒸熟的高粱與麴混合，放入挖好的「發酵窖」（窖即是坑穴，用於貯藏物品），再用泥土覆蓋住，讓它在土中發酵。先前製作的麴與用於製造日本酒的麴不同，它不僅會進行糖化，還包含了進行酒精發酵的微生物、酵母。因此，它是以固體的狀態同時進行糖化與酒精發酵，最後變成一種含有酒精的粥狀物。

換句話說，它與普通的釀造酒不同，不是在水分充足的液體狀態下發酵，而是以固體狀態進行發酵。這種特殊的發酵方法稱為固態發酵，是中國釀酒法的特色之一。據說在中國某些地方，人們會將這種粥狀物倒入杯中，用吸管喝掉其中的液體部分。

幾個星期後，將發酵好的材料挖出來，在粥狀物中加入能夠讓蒸氣通過的稻殼或花生殼等，進行蒸餾。這種方法稱為「蒸氣蒸餾」。

　　將（中國式的）麴放進蒸餾出來的液體中，再次進行發酵。進行幾次這樣的步驟後，將透過蒸餾收集到的液體裝進瓶中進行長期陳釀，這就是茅台酒。

　　因為固態發酵的關係，發酵過程並不是均勻進行的，各部分的發酵狀態不同而影響著茅台酒的香氣。發酵窖中有著該發酵窖特有的雜菌，一般認為就是它們賦予了茅台酒獨特的風味。茅台酒是一種神奇的酒，絕對值得一試。

蒸餾酒的種類

——從葡萄酒到白蘭地，從大麥釀造酒到威士忌

釀造酒的酒精含量頂多20%。要提高這個數值，除了進行蒸餾外別無他法。將釀造酒蒸餾而成的酒就是蒸餾酒。

• 將葡萄酒蒸餾……得到白蘭地

• 將大麥釀造酒（不加啤酒花的啤酒）蒸餾……得到威士忌，這是大家都知道的一種酒。另外還有一種，是先製作出專為製作蒸餾酒的釀造酒，再將這種釀造酒蒸餾而成的蒸餾酒，例如：

• 以甘蔗為原料……得到萊姆酒

• 以龍舌蘭為原料……得到龍舌蘭酒

• 以馬鈴薯等為原料……得到伏特加

• 以麥、番薯、蕎麥等多種原料……得到燒酎

利用以水果發酵製成的釀造酒來進行蒸餾而得到的酒，全部稱為白蘭地。但通常我們說的白蘭地，是指用白葡萄酒蒸餾而成的酒。葡萄酒的釀造方式單純明快，白蘭地的釀造方式也同樣單純明快。因此，白蘭地的釀造方式算是所有蒸餾酒的範本。

問題在於蒸餾的精度。如果使用現代精密的蒸餾法，酒精濃度會超過95%，原料的葡萄酒風味將會消失。如何在保留葡萄酒香氣的同時高效蒸餾，這就是技術了。

將蒸餾好的原酒裝入橡木桶中陳釀，就會變成美麗的琥珀色白蘭

地。

英國生產的威士忌與法國生產的白蘭地齊名，並稱蒸餾酒雙雄。如果說白蘭地是由葡萄酒蒸餾而成的，那麼威士忌也可以說是由啤酒蒸餾而成的。

但是，威士忌與啤酒有兩個根本差異，一是威士忌不含啤酒花，二是威士忌的主要原料大麥是煙燻過的。

威士忌的製作方式是這樣的。首先，讓大麥發芽成麥芽，然後用英國特有的泥炭（泥煤）將其乾燥（煙燻）。這樣做會讓威士忌帶有獨特的煙燻味。將這些麥芽磨碎後與水混合，讓麥芽中的酵素將澱粉水解成葡萄糖。然後加入酵母發酵，得到酒精約為 7 度的酒醪。

將酒醪過濾，然後進行蒸餾，得到酒精度較高的液體。將得到的原酒裝入桶中陳釀一段時間，就是所謂的「威士忌成品」。陳釀時間短至 3 年，最美味的是 10～18 年。

燒酎是日本最具代表性的蒸餾酒。但燒酎並不是蒸餾濁酒或清酒而成的。清酒只需榨取用米與麴製作的酒醪就完成了。但燒酎有麥燒酎、芋燒酎等，原料不同，而原料不同也讓酒醪分成一次醪和二次醪兩種。

燒酎的一次醪跟原料無關，全都一樣，有差別的是二次醪做成的產品。具體而言，燒酎的製作方式如下：

首先，用米或麥來製作麴，然後加入酵母做成一次醪。將主要原料與水放進這個一次醪中，發酵 8～10 天，做成二次醪。這時候投入的主要原料就會是燒酎的冠名，例如使用番薯作為主要原料的就是「芋燒酎」。將二次醪過濾，然後蒸餾液體部分，燒酎便大功告成。

燒酎還有甲類與乙類之分。甲類使用從二次醪中榨取的液體，再透過現代化的連續蒸餾機蒸餾，酒精濃度可達 95 度，但會加水使其低

於36度。這是單純的燒酎兌水，不會有材料的風味，多用於製作梅酒等利口酒的原料。

　　相對地，乙類是使用從二次醪中得到的液體來進行單式蒸餾。因蒸餾精度較差而保留了原料的風味。酒精濃度限定在45度以下。

　　沖繩有一種特產蒸餾酒叫做泡盛。泡盛以米為主要原料，基本上是一種乙類燒酎，但其特點在於麴中使用了泡盛麴。據說泡盛在貯藏與陳釀過程中會不斷增加風味，有些號稱「古酒」的泡盛，甚至陳釀長達近百年之久。

蒸餾酒的種類

第 **12** 章

食衣住行中的
「衣與住」，
也有發酵的功勞？

纖維與發酵

——亞麻、苧麻、大麻與厚司織

提到發酵，我們會想到味噌、醬油、優格等食品，以及在第11章中介紹的酒類。然而，發酵的應用不僅僅局限於食品或酒類，它還大大活躍於日常生活中一些我們意想不到的地方。那麼，是哪些地方呢？

其實，發酵也用於製作服裝。植物纖維是從草木的莖與樹皮中萃取出來的。

在日本，自古以來就使用的纖維中，有一種是麻。麻具有很高的吸濕性，接觸到皮膚時會讓人感到涼爽，因此常用於製作春夏季的衣物。麻類的植物有很多種，但能從中萃取出纖維的有三種，分別是亞麻、苧麻與大麻。

亞麻原產自中亞地區，到了江戶時代，人們開始種植亞麻以生產亞麻籽油（從種子萃取），進入明治時代後，開始種植亞麻以提取纖維（從莖部萃取）。

苧麻在日本自古被叫做「からむし」（karamusi）、「まお」（mao）等，也是各種布料的原料，新潟縣的「越後上布」、「小千谷縮」，以及奈良縣的「奈良晒布」等，一直受到人們的喜愛。

大麻指的是桑科植物中一年生且為雌雄異株的雙子葉植物。在日本，「麻」一詞自古以來指的就是大麻。

亞麻、苧麻與大麻等，這些麻都是從植物莖的韌皮部萃取出來的植物纖維，主要成分是纖維素。為了從麻中萃取纖維，必須先去除莖內的表皮與柔軟組織才行，這道工序稱為精練。

傳統的精練方法是發酵精練，做法是將莖浸泡在水或雨水中，然後利用細菌來進行發酵，以分解表皮與木片部分，從而萃取纖維。用精練法萃取到的纖維量非常少，亞麻可以獲得約14～16%的亞麻纖維，而苧麻只能獲得約4～6%的苧麻纖維。

有一種用來製作愛努傳統和服的布料叫做厚司織（アットゥシ），也是利用發酵來萃取纖維的，採自裂葉榆的樹皮。裂葉榆是一種榆科榆屬的落葉喬木，高約20～25公尺，生長在日本北海道及東北的山區。

將裂葉榆的樹皮剝下來，浸泡在溫泉中，或是夏天氣溫度高的時候浸泡在沼澤中，使之發酵以溶解出黏液。據說最好不要完全去除黏液，留下一些可以製成更優質的布料。再將精練出來的內皮撕成2～3毫米寬的長條片，然後晾乾，再捻成線。

和紙與發酵

──竹紙製作過程中必須進行發酵

「紙」也是一種使用植物纖維的產物。古埃及的莎草紙是壓縮並乾燥「紙莎草」這種植物的莖而形成的薄片。

日本的和紙以其優異的傳統技術而聞名至今，其中有一種名為「竹紙」。這種紙是碾碎竹子後萃取出纖維，然後梳理成纖維相互交織的狀態。儘管現代人幾乎不用這種紙了，但仍有一些愛好者視之為珍寶。

製作這種紙，最困難的過程是從竹莖中萃取出細長的纖維。這就是為什麼需要發酵的原因。將竹子切成一節一節的，然後浸泡在水中約2～3個月，據說這樣做會使纖維之間的纖維素因發酵而分解，變成一根一根細長的纖維。

但是，在這個過程中發出的氣味非常難聞，還會吸引大批的蒼蠅與蛆蟲，根本沒辦法在附近有人居住的地方進行這項作業。

一般的和紙是萃取構樹、結香樹等的樹皮內層（韌皮）纖維，然後用黃蜀葵的黏液將其固定在一起。而如何從構樹與結香樹中萃取出又細又長的纖維，正是製作優質和紙的關鍵。

現代人出於效率的考量，主要使用重曹（碳酸氫鈉 $NaHCO_3$）或苛性鈉（氫氧化鈉 $NaOH$）的水溶液來煮沸樹皮。

然而，據說古老的方法是將樹皮浸泡在水中好幾個月，透過發酵來

萃取纖維。有人認為古老的發酵方法可以取得更長而品質更高的纖維。

在這樣的和紙,塗上由澀柿汁發酵做成的柿漆,就做成了「澀柿紙」。厚度夠的澀柿紙既堅固又耐水,常用於製作番傘或團扇。

金箔是將厚度約為0.05mm的黃金薄板夾在一種名為「金箔打紙」的和紙中間,然後用錘子均勻敲打使其延展,打到厚度變成1/10000mm。金箔的成品好壞取決於金箔打紙,據說金箔打紙通常是由專業的金箔師傅按照祕傳方法製作的。

有些金箔師傅會將薄的和紙浸泡在用稻草灰、柿漆與蛋白混合而成的溶液中,讓它發酵幾個月,然後乾燥。將這樣的和紙幾張疊在一起,用錘子均勻敲打,再一張張剝開,然後重新疊在一起敲打,如此重複幾次。

據說這樣做可以使金箔打紙的表面達到極致的光滑狀態。

12-3

製作土壁也要發酵

──「漆喰」、「土壁」都要靜置發酵

　　近年的公寓內部牆壁，大多是用膠合板加上聚氯乙烯（PVC）薄膜貼合而成，但是，傳統的日式房屋內部牆壁，則是採用混合了稻草的紅土塗抹而成的土壁。土壁裡面是粗糙的泥土，表面則以裝飾性的泥土或漆喰固定。這樣的牆壁與桐木櫃一樣，會在梅雨季節時吸濕，在冬天排濕，有助於保持室內的濕度，同時還能吸收異味。

　　製作土壁也要利用到發酵技術。土壁的原料是紅土、水以及裁成適當長度的稻草。不過，正統的土壁並不是把這些原料混合好就立刻塗抹，而是會先放在工地靜置1～2個月。這段時間內，稻草會腐爛（發酵）而逐漸溶解，這時候就要添加稻草再繼續靜置。

　　反覆進行這些程序的過程中，稻草中的高分子成分「木質素」（lignin）會互相交纏，形成三次元網狀構造，將泥土顆粒塞進這個構造中，就能形成堅固的牆壁。

　　土壁上面還會再塗上一層漆喰來裝飾，這個漆喰的做法也是一樣的。漆喰又稱灰泥，主要成分是消石灰（氫氧化鈣 $Ca(OH)_2$），塗抹後靜置一段時間，它會逐漸與空氣中的二氧化碳產生反應，轉變為碳酸鈣 $CaCO_3$。貝殼的成分就是碳酸鈣，可見它非常堅硬，而且具有防火性。據說漆喰裡面也有放稻草。

圖 12 - 1● 利用發酵技術做成的日本傳統牆壁「海鼠壁」

瓦　　漆喰

黑色部分是平瓦，白色部分是漆喰，
整體合起來就是「海鼠壁」

發酵之窗

海鼠壁

最能象徵日本傳統倉庫的就是海鼠壁。一如圖12-1所示，它是由黑色正方形與外圍的白色長條形組成一個基本單位，然後不斷重複排列而成的。黑色正方形是瓦片，白色長條形是填充瓦片之間縫隙的漆喰。日本的傳統倉庫外壁就是這個樣式，具有極高的耐火效果。

至於「海鼠壁」為什麼是「海鼠」呢？據說是因為白色長條塊狀物看上去就跟海裡的海鼠（海參）一樣。

染色也要發酵

──紅花的紅、藍染的藍，都經歷了複雜的化學反應

為布料或和紙染色時，也會利用到發酵技術。其中之一便是柿澀。用柿澀染色的物品稱為「柿澀染」，沉穩內斂的米色非常適合和服。柿澀的原料是富含柿單寧的澀柿果實。採下尚未成熟的綠色果實，搗碎後存放在桶中，靜置發酵約兩天兩夜。這時候壓榨出來的液體稱為「生澀」。靜置生澀後，取出浮在上面的部分用於染色，這個部分稱為「澀」。但真正要用於染色，得再保存幾年使之熟成才行。

由於柿單寧具有防腐作用，自古廣泛用於漁網、釣線、傘，甚至是木工產品與木造建築的塗料中，即使是現在，柿澀仍用來塗抹在和紙上做成澀柿紙，再進而製作伊勢型紙等染色型紙，或是團扇等的專用紙。

從紅花（Carthamus tinctorius）萃取出來的紅色色素，是從古代平安時期就有的紅色染料，也用來當成口紅而受到貴族階層愛用。紅花約1公尺高，有像薊一樣的尖銳葉片與細長的刺，但花色並非紅色，而是黃色。這是因為紅花的花朵同時含有紅色素與黃色素，但紅色素只有約1%的關係。

不過，黃色素會溶於水中。因此，人們將採下的花朵泡在水中，使黃色素流失。然後將濕掉的花朵鋪排在草蓆上，再蓋上另一層草蓆進行發酵。這個步驟會使紅色更加鮮艷。

接著，將發酵後變得黏稠的花朵放進臼中搗碎，揉成大小適當的球狀，再壓平曝晒。這就是紅花餅，也就是染料了。

在日本，與紅色染料相對應的是藍色染料。藍色染料的藍色也是透過發酵來發色的。染料的藍色素在化學上稱為靛藍（Indigo）。靛藍是從植物中的藍色部分萃取出來的，但新鮮採摘的樹液中並沒有靛藍，而是無色的「吲苷」（Indican）。讓吲苷在適當的條件下發酵，會產生一種無色的物質「吲哚酚」（Indoxyl），這種吲哚酚接觸到空氣中的氧氣時，會氧化成靛藍而變成藍色。

圖 12 - 2 ● 吲苷變成靛藍的過程

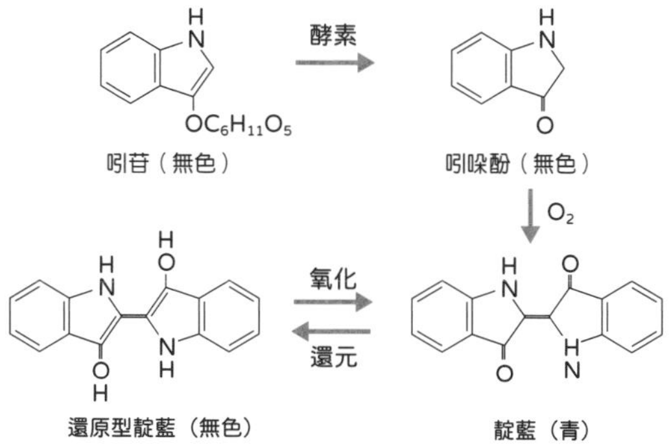

吲苷（無色）　　　　　　吲哚酚（無色）

還原型靛藍（無色）　　　　靛藍（青）

可惜的是，靛藍不溶於水，無法染入纖維中，因此得將靛藍變成水溶性，做法是透過發酵讓靛藍還原，變成還原型靛藍。不過，還原型靛藍是無色的，但沒關係，用還原型靛藍染過的布，只要從染缸中拿出來，就會接觸空氣中的氧氣而氧化，變成藍染了。

藍染就是透過這樣複雜的化學反應過程完成的。缺乏化學知識的古人，完全憑直覺與經驗來完成這項任務，真是太厲害了。順帶一提，

這樣的染色法稱為「建染」。

在美國，藍染多用於牛仔褲。在日本，人們說「穿藍染的衣服不會被蚊子咬」，而在美國則說「穿藍色牛仔褲不會被響尾蛇咬」。

近年來，草木染越來越流行，其中一種方法是「發酵染」。這種方法是將適當的植物煮沸來萃取其中的成分，再將這些水溶液保存一段時間，在天然雜菌的作用下進行發酵後再染色。有時候會加入檸檬汁讓水溶液呈酸性環境，或者加入氨水讓水溶液呈鹼性環境再發酵。

存在於自然環境中的雜菌種類會因地點和季節而不同，並且，酸性或鹼性等化學環境的不同也會影響其作用。因此，染色的效果往往需要實際做做看才知道，正所謂「一期一會」的冒險之旅，大大增加了染色的緊張刺激與趣味性。

漆、漆器與發酵

——光澤美麗的「漆」，源自於發酵產生的漆酚

瓷器的英文是「China」，也就是中國。同樣的，也有一些東西被人稱為「Japan」。那是什麼呢？那就是漆器。漆器、漆藝是日本的代表性工藝，同樣也用到了發酵技術。

漆是從漆樹的樹幹中萃取出來的。在樹幹的樹皮上劃出傷口，會有樹液滲出。這個液體就是漆。採集到的漆液放置一段時間會發酵，進而分解成「漆酚」（Urushiol）、水分、橡膠質與含氮物質。漆酚的含量高表示品質佳。

將漆塗在木製品上並放置一段時間，就會形成堅硬而有光澤的漆塗層，但這不是因為漆中的水分或揮發性有機物揮發掉的關係。漆塗層其實是一種叫做「酚醛樹脂」（phenol formaldehyde resins，PF）的高分子物質。它與聚乙烯（PE）等普通樹脂（塑膠、熱塑性塑膠）不同，是一種加熱也不會變軟的熱硬化性樹脂，單位分子就是漆酚。

當漆被塗抹在物體上，漆裡面的「蟲漆酶」（laccase）酵素會吸收空氣中的氧氣，使漆酚進行氧化重聚，形成硬膜。適當的溫度（25℃）與濕度（85%）是漆硬化的條件，因為這時候蟲漆酶的活性最強。

酵素是蛋白質，高溫就會失去活性。加熱過的漆，在常溫下不會再硬化。但是，當加熱到大約150℃時，漆就會硬化了。

這種現象，與將熱硬化性塑膠的酚醛樹脂在模具中加熱而硬化成型是一樣的，過去常當成防鏽劑，廣泛用於槍枝、火砲與鐵鍋上。

發酵之窗

漆塗層

漆不僅耐用，而且具有深邃美麗的光澤，因此在日本的傳統工藝中，它與金一樣成為不可或缺的材料。

然而，漆也是一種過敏原，可能引發嚴重的過敏反應，甚至危及性命。

從民族的角度來看，生長在漆樹產區的亞洲人通常具有抵抗力，但生長在非漆樹產區的歐洲人，似乎就沒有這種抵抗力了。據說有些對漆過敏的人，即使碰到乾燥的漆也會出現過敏反應。以漆器贈送外國人時應特別留意。

12-6

👕 陶瓷器與發酵

——降低燒製時收縮率的兩種菌

厚實的植栽用花盆是陶器，而薄薄的碗或茶杯則是瓷器，兩者都是捏塑適當的黏土，然後放進窯中燒製而成。這時也會用到發酵技術。當然，不是碗與杯子會發酵，而是作為原料的黏土會發酵。

黏土是一種成分複雜的無機物。主要成分是二氧化矽 SiO_2，但也含有其他各種金屬元素，如鐵、銅、鋁等。這些金屬元素賦予陶器等燒製品特有的色彩與表情。不過，其實土裡面也有有機物。

各位知道腐葉土嗎？在秋天收集枯萎的落葉，堆積起來，到了第二年的春天，它們就會腐爛成黑色的塊狀物。由於營養豐富，可以把它們拌入一般的土壤中，促進植物生長。換句話說，黏土中也含有有機物，當然，還有微生物。

用於陶藝的黏土，是來自不同地方的各種黏土混合而成的；使用者可以自行混合成自己喜歡、易於使用的黏土。

不過，如果直接拿混合後的黏土來塑形、燒製，是沒辦法做出優質陶瓷器的，它們會在燒製過程中破裂、龜裂，或者過度收縮。就算在燒製之前，它們也難以成形，更可能出現裂縫。當然，製作者意圖表現的色彩與表情也應該出不來吧。

為了避免這種情況，混合後的黏土需要靜置一段時間，視情況，時間從幾個月到幾年都有。這樣一來，黏土的性質會發生變化，變得更

有彈性與黏性，更光滑而易於成形。此外，用這樣的黏土來做，燒製時的收縮率較小。傳統工藝能夠掌握其中奧妙，不得不令人佩服。

這個奧妙是因為黏土在靜置期間發生了微生物發酵。發酵過程中，微生物分泌的有機物會讓黏土顆粒變得細膩且光滑。結果，水分更容易滲透，黏土就變得更柔軟、更具可塑性了。

當然，黏土塊的表面與內部含有的氧氣量不同。培養黏土，需要有喜歡空氣的好氧菌，以及討厭空氣的厭氧菌兩者的共同作用。因此，靜置黏土，必須時不時重新揉合。

就像這樣，陶瓷器的黏土也會發酵，它是活的。當然，一旦成形並燒製，所有的微生物與酵素都會被消滅殆盡。

不過，酵素等微生物存活的痕跡會以陶瓷作品的色彩、觸感與表情形式留存下來。品味這一切也是陶藝的樂趣所在。

第 **13** 章

現代化學產業
與發酵

13-1

 發酵熱農法也算地產地銷方式？

——利用發酵來大幅改良土壤

提到發酵就會聯想到微生物，提到微生物就會聯想到農業，發酵與農業的關係就像這般自古便已確立。進入二十世紀後，生物化學發展起來，從二十世紀中葉起，遺傳化學發展起來，到了二十世紀末，基因操作技術已經廣泛應用，並帶動農業相關科學得以飛躍式地蓬勃發展。

進入這個世紀後，以幹細胞為中心的細胞工程學正在為生命化學、醫學，甚至農業科學帶來革命性的發展。

然而，生物化學、基因工程、生命工程與「現實的農業」，未必會以相同的速度進步。在有限的環境、有限的條件下研發出來的技術，究竟該如何應用到條件繁多且變化複雜的現實農業中，恐怕必須實際做過才知道吧！

即使現實如此，農業仍然在積極吸收最新科學研究成果並結合現場知識中，一步一步向前邁進。發酵與農業的同步化，就是最新研究與現場協作的好例子。

農業中最基本的一環是「土壤改良」。無論進行多少品種改良、使用多少化學肥料、施用多少化學農藥，如果種植作物的土壤品質不佳，什麼也種不了。

但是，我們可以利用發酵來大幅改良土壤。只需在貧瘠的土壤表

面，放上由農作物殘渣、除草獲得的綠肥所形成的未成熟有機物，再撒上米糠輕輕拌入土壤中，光是這樣，土壤就會慢慢形成團粒狀，讓農田的排水變好。

這種功效不單單是土壤表面的有機物被微生物分解所致。在這個過程中，微生物群會潛進土壤，並以土壤中的礦物質等為食物而大量繁殖。結果就是，幾乎不需要人力，土壤就能自然被耕作成「肥沃的農田」，富含由微生物產生的胺基酸、酵素、維生素等養分。

這與過去的農業技術「為了改善土地而拼命製作堆肥，再運送到農田去」不同。現在採取的方式是「現場發酵」，即利用農作物殘渣及綠肥等現場就有的有機物。這種概念就跟地產地銷的太陽能發電差不多吧！

在農作物難以生長的寒冬，可將溫度提高的「溫室栽培」就很重要。不過，溫室栽培的暖氣費用是一項龐大的負擔，甚至會嚴重影響到出售農作物的利潤。

於是，「發酵熱農法」受到人們的關注。這是一種利用米糠、木屑等「廢棄物」的農法。人們常拿樹皮鋪在牛舍的地板上，或是當成土壤改良劑使用。而充分利用加工樹皮時產生的發酵熱與二氧化碳，這樣的農法就是所謂的「發酵熱農法」。

利用樹皮來製作有機質肥料，需要進行1年以上的一次發酵、6個月以上的粉碎後二次發酵，再進行水分調整，整套工序為期相當長。這段時間裡，土壤中的微生物會進行發酵，樹皮的溫度會上升到接近80°C，而且會產生農作物生長時至關重要的二氧化碳。

當然不能白白浪費這些熱能與二氧化碳。讓這個發酵熱在溫室裡循環，可以大幅降低暖氣費用。

此外，將二氧化碳回收到溫室內，有望促進以二氧化碳為原料的光

合作用，也就是說，藉由提高溫室內的二氧化碳濃度，從而增加收穫量並提升作物的糖度。

發酵是農業場景中相當常見的現象，但過去我們並未充分發揮它的功能，說不定它還有很多好處，只因為不知道就被白白浪費掉了。或許再多關注這方面，農業經營現況便能獲得大幅的改善。

不要小看「稻草堆」的發酵熱！

　　秋天收割稻米、脫穀去稻穗後，稻田中會出現大量的稻草。今天，稻草被以產業廢棄物處理，但在過去，稻草是重要的氮肥原料。在收割稻米後的稻田某處，人們會把稻草堆成小山，一直放到隔年的春季。

　　在冬天，特別是下雪的時候，當你把手放進「稻草堆」（堆肥）裡會感到溫暖。這是因為稻草發酵，進而產生熱能的關係，我們稱之為「發酵熱」。雖然發酵熱並不強烈，卻能持續發熱。

　　如果不及時發散，這種熱量將不斷累積，最終可能起火燃燒，導致火災。古時候人們似乎從經驗獲得這個常識，知道「稻草堆」的體積不得超過一定的上限。

　　然而，近年來這樣的常識似乎消失了。每隔一段時間，就會聽到有人將木屑等產業廢棄物堆積成高山，木屑山的發熱與蓄熱不小心釀成火災的消息。千萬不要小看發酵熱啊！

13-2

🌱 發酵能源

──透過發酵讓微生物生產能源

現代社會的運作建立在能源之上，其中大部分的能源，是透過本章第4節要介紹的「化石燃料」來供應的。

然而，化石燃料面臨著無可避免的資源枯竭問題。可避免這個問題的能源是利用太陽能與風力等的再生能源。再生能源中，有一種是利用植物等生物的「生質能源」。而利用微生物來發酵，進而製造出能源，也是生質能源的一種。

利用微生物生產燃料有許多種方式，本章第4節將介紹石油生產的話題，這裡就先來看看其他方式吧！

利用微生物製造的乙醇，稱為生質酒精。無論是不是生物，所有的酒精都可燃燒，因此成為一種優秀的燃料。利用微生物生產生質酒精，基本上就是利用酵母進行酒精發酵，這點無需再贅述了。

我們要思考的是成本問題與道德問題。使用生質酒精，能否將每一單位能量的成本控制到與石油相當，這個「成本上的課題」是顯而易見的。

另一個「道德上的問題」指的是，將本該是大眾食物來源的穀物轉化成石油替代物，這種做法對嗎？

酵母的食物葡萄糖，可以從纖維素中取得。所有的草食動物都會將

纖維素分解為葡萄糖，作為營養來源。微生物中也有類似的情況。換句話說，只要利用會分解纖維素的微生物來製造葡萄糖，然後進行酒精發酵就行了。這樣的微生物應該很快就會找到才對。

沼氣能源是利用微生物來獲得氣體燃料。例如，將有機物透過甲烷菌進行厭氧發酵，從而產生甲烷氣體，而且這項技術已經實用化了。

原料可以是任何有機物，包括污水、廚餘等各種廢棄物，當然也包括屎尿。這項技術既解決了廢棄物處理問題，又實現了燃料生產，真是一舉兩得。設備也很簡單，可以改造現有的處理設備，以相對較少的投資來完成。

甲烷菌無處不在，只要是有機廢棄物遭到閒置不管，甲烷氣體就會自然產生。甲烷氣體是一種溫室氣體，效果是二氧化碳的 25 倍，因此排放到空氣中會導致地球暖化。從能源面或環境面來看，利用甲烷作為燃料都是有益的。

除了甲烷，也有人嘗試生成氫氣。目前已經確定白蟻的消化系統中，有著可以產生氫氣的共生菌。也許不久的將來，白蟻將發揮作用，為人類生產氫氣。

馬桶爆炸

　　網路上曾經流傳著馬桶突然爆炸，使得使用者受傷的消息。這是真的還是都市傳說呢？

　　儘管沒有相關單位證實發生過這種事，但也不該忽略這樣的訊息。

　　因為這種事的確有可能發生。雖然現今的沖水式馬桶絕不會有這種事，但舊式的汲取式便器，屎尿會累積在裡面。累積的屎尿會因為甲烷菌進行發酵而產生甲烷氣體。甲烷氣體具有易燃性與爆炸性，一旦靜電引發火花就會爆炸。更何況，要是「想消除尷尬的氣味」而用火柴點燃的話，就會出現「一聲巨響」了。

13-3

🌱打倒微塑膠！

——聚乳酸高分子將成為救世主嗎？

　　現代生活中不可或缺的材料之一，就是塑膠等高分子物質。高分子就像澱粉與蛋白質那樣，是由許多結構簡單的單位分子結合而成的，其中最典型的就是合成樹脂，也就是一般所說的塑膠。這個「樹脂」，應該不必多做介紹，指的就是植物分泌的樹脂，如松脂等，凝結成固體狀的物質。

　　塑膠具有可自由塑形、自由上色、堅固耐用等作為素材的理想特性。只不過，這種「堅固耐用」的優點，現在卻成了事與願違的困擾，那就是環境污染。

　　我們常常看到已經沒用了而遭到廢棄的塑膠製品，放再久也永遠不會分解。但事情不是這樣就沒了。

　　最近特別引人關注的是微塑膠（Microplastic）。這是指被碾碎成直徑小於5mm的塑膠碎片而漂浮在海洋中的物質。海洋生物誤食這些微塑膠後，會傷害到消化道而無法攝取食物。豈止如此，這些微小的塑膠成分還會被浮游生物吸收，進入它們的體內。

　　被浮游生物吃進體內的有害物質，經過食物鏈的傳遞，濃度將增加到數十萬倍之多，最後還會上了我們的餐桌。這點已經在過去的DDT與PCB的例子中得到證實。

　　為了防止這種情況發生，人們開發出了生物降解高分子，意指放在

環境中一段時間後，會被微生物分解的高分子。但這沒什麼好意外，因為澱粉、纖維素與蛋白質等天然高分子，全都是生物降解高分子。

如果只是要「把它們埋在庭院裡，很快就腐爛變成庭院的肥料」，那麼到這裡就夠了，不必再多說；這裡要介紹的是人為製造出來的生物降解高分子，其中倍受注目的是乳酸。

以乳酸做為單位分子而大量連接起來，就能做成「聚乳酸」這種塑膠。乳酸是微生物產生的，也是微生物的營養來源。用乳酸做出來的高分子會被微生物分解與代謝是理所當然的。只是，它的耐久性很低。目前已經證實，將聚乳酸置於生理食鹽水中，4～6個月後將減少一半。

不過，我們也可以善用這種特性。例如，用它做成手術縫合線。以內臟手術來說，使用這種縫合線，傷口癒合時，線會被分解吸收，就沒必要再拆線了。近年來，聚乳酸強度不足的問題已經獲得改善，並且開始應用在手機與汽車零件等領域。

乳酸菌從健康食品到塑膠，為我們的健康與生活做出了重要的貢獻。

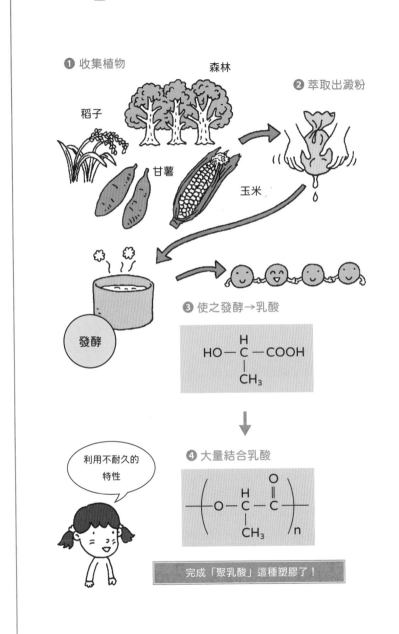

圖 13 - 1 ● 聚乳酸（塑膠）的製作過程

❶ 收集植物

森林

稻子

甘薯

玉米

❷ 萃取出澱粉

發酵

❸ 使之發酵→乳酸

$$HO - \overset{\displaystyle \overset{H}{|}}{\underset{\displaystyle \underset{CH_3}{|}}{C}} - COOH$$

利用不耐久的
特性

❹ 大量結合乳酸

$$\left(O - \overset{\displaystyle \overset{H}{|}}{\underset{\displaystyle \underset{CH_3}{|}}{C}} - \overset{\displaystyle \overset{O}{\|}}{C} \right)_n$$

完成「聚乳酸」這種塑膠了！

製造石油的微生物

——利用棄耕地，能夠補足不夠的石油進口量嗎？

這節，我將介紹一個讓人寄予期待的話題。首先，是發生在我們這個年代的事。

現代社會建立在能源之上。光、聲音、動力、記憶、思考，全都是由電力這個能源所驅動，透過發光、發振、旋轉，或者是統稱為IT的電子功能來滿足需求。

這些電力能源幾乎都是由熱能變換來的，而熱能又幾乎全部來自於化石燃料的燃燒。

所謂的化石燃料，意指太古時代，地球上繁盛的植物與微生物的遺骸埋在地下，經過地壓與地熱的作用而形成的物質。顯然，它的存量是有限的，以「可開採存量」（recoverable resources）來表示，也就是說，「目前已知存在的化石燃料」，以「目前的開採速度」與「目前的消耗速度」來算，還能使用多少年。一般來說，煤炭大約可以使用120年，石油與天然氣可以使用35年，鈾則為100年等。

然而，每年都會發現新的油田。由於開採技術不斷進步，就像頁岩油與頁岩氣一樣，從前無法開採的化石燃料也變得可以開採了，因此，50年前被認為是只剩35年可開採存量的石油，到今天的說法仍然是35年。

換句話說，沒人知道化石燃料真正的可開採存量。而且，一直以

來，不斷有人提出「化石燃料真的是化石嗎？」這個問題。本世紀初，美國一位天文學權威提出了一種說法，即在行星形成時，巨量的碳氫化合物被封存在星球的中心，石油就是這些碳氫化合物變化來的。因此質疑出現了：「人類有必要擔心石油會枯竭這種事嗎？」

就在這個時候，日本有位科學家發表了一項研究：「<u>石油是由微生物發酵產生的</u>」。意味著可以在工廠裡製造石油。這是多麼振奮人心的消息啊！

原料是二氧化碳。先在工廠裡生產石油，然後燃燒它，再用排放出來的二氧化碳來生產石油。簡直是夢幻般的完美循環。

事實上，目前已經發現有幾種藻類能夠生成碳氫化合物。問題是它們的生產效率很低。但現在又發現了一種名為「橙黃壺菌」（Aurantiochytrium）的單細胞生物，生存在東京灣與越南海域等海水及泥地中，具有高效生產石油的能力。

這種生物能夠利用水中的有機物，生成相當於化石燃料重油的碳氫化合物後，儲存於細胞內。而且，對比之前曾被寄予希望的微生物，它所產生的碳氫化合物量為前者的10～12倍。

根據研究小組的估算，如果在1公尺深的水池中培養，每公頃每年可生產約1萬噸。他們表示：「利用國內的棄耕地來建立生產設施，如果有2萬公頃的面積，就能生產出與日本石油進口量相匹敵的產量。」

這種藻類可以吸收水中的有機物來繁殖，因此生產石油的同時，還可以淨化生活廢水等。此外，如果將這種石油用於火力發電，據說可以直接使用該生物做成的顆粒，無需經過精製程序。而且，如果在大型工廠中進行大規模培養，還有可能以每公升不到50日圓的價格提

供作為汽車燃油使用。

微生物發酵，開創了光明的能源前景。

另外，除了有能夠製造石油的菌，還有能夠分解石油的菌。如果海洋受到油輪事故等的污染，這些菌就可以清理海洋。

石油分解菌廣泛分布於海洋、淡水與土壤等自然環境中。每毫升海水約有106個細菌存在，其中有102～104個（不到1%）被認為是石油分解菌。不過，當石油污染發生，石油分解菌的數量將增加，可以占到總數的10%以上。這些細菌正是守護地球環境的重要力量。

13-5

為我們帶來豐富生活的發酵

——發酵科學正在不斷進步

從歷史的黎明時期開始，人類就一直與微生物打交道。無論是使珍貴的食物腐壞，還是使摯愛的人因疾病或化膿而離開，都是微生物造成的。

另一方面，微生物也為我們帶來了許多好處，例如提高儲存食物的耐久性、增添美味，甚至帶來像酒一樣的意外驚喜。

這些現象都是由微生物引起的，但人們直到十九世紀後半法國微生物學家路易・巴斯德（Louis Pasteur）做出研究後，才理解到這一點。

然而，自從知道了微生物的存在以來，人類與微生物的關係就變得更加密切。當人們發現是微生物製作了起司、優格、味噌、醬油與酒之後，對它的用處感到十分驚訝。

到了二十世紀，這一點變得更加確定。例如，青黴素（Penicillin）奇蹟般地治癒了肺炎，鏈黴素（Streptomycin）奇蹟般地治癒了有日本亡國病之稱的肺結核。這些抗生素展示出微生物具有不可估計的力量。

人類一直在世界各地尋找未知的微生物。一旦發現新的微生物，就會大量培養來進行研究分析，如果認為有所用處，就會努力改良品種，讓它們更有用。透過這些研究與改良，微生物得以更有效率地生

產出來，為人類做出貢獻。

此外，隨著DNA的發現與相關研究，人們解開了遺傳機制之謎，微生物的改良也進化到基因程度的改良。科學方法使人們能夠在短時間內有效培育出所需的微生物，例如選出特定的基因進行突變、增加所需要的基因，或是減少有害的基因等。

與此同時，尋找特定微生物的技術（疾病篩檢）也提升了，包括從自然界中分離生產目標物質的菌株，以及有效找到出現頻率低於10^{-6}的突變株的方法等。

不過，土壤中的微生物有99%以上無法在洋菜培養基（培養微物的裝置，Agar Plate）中生長，難以實現工業上的利用。因此，出現了一種不是培養微生物，而是直接萃取其DNA，再用它來搜索微生物的方法。

這項搜索技術的成功，得力於兩位日本學者的貢獻，一位是公認拯救許多非洲人免於失明的天然有機物化學家大村智，一位是所做的研究促成癌症特效藥新發現的分子細胞生物學家大隅良典；兩人接連兩年獲得諾貝爾獎的紀錄令人難忘。

微生物科學的發展也得力於日本酒製造技術的啟示。在日本酒的製造過程中，麴菌與酵母這兩種完全不同的微生物會同時作用。這不僅對了解腸道菌群與疾病之間的關係有所助益，也使得未來的研究更加值得期待。

總之，基於微生物作用的發酵技術，正在醫療、化學與工程學等許多領域中不斷進步發展。食品、藥品、高分子等許多領域都受益於發酵。我們相信，發酵科學將繼續取得巨大的進展，帶給我們更加豐富與美好的生活。

本書已經介紹許多相關的機制，希望各位能進一步探索「發酵」世界的新知識。

國家圖書館預行編目資料

搞懂「發酵」看這一本就對了！／齋藤勝裕 著；林美琪 譯
── 初版 . ── 新北市：遠足文化事業股份有限公司，2024 年 6 月
220 面；14.8×21 公分
譯自：「発酵」のことが一冊でまるごとわかる
ISBN 978-986-508-293-2（平裝）
1. 醱酵 2. 醱酵工業 3. 食品微生物

463.8   113004646

搞懂「發酵」看這一本就對了！
「発酵」のことが一冊でまるごとわかる

作　　者	齋藤勝裕
譯　　者	林美琪
責任編輯	賴譽夫
美術排版	一瞬設計
日版封面	三枝未央

編輯出版　遠足文化（讀書共和國出版集團）
行銷企劃　張偉豪、張詠晶、趙鴻祐
行銷總監　陳雅雯
副總編輯　賴譽夫
發　　行　遠足文化事業股份有限公司
　　　　　23141 新北市新店區民權路 108 之 2 號 9 樓
　　　　　代表號：（02）2218-1417 傳真：（02）2218-0727
　　　　　客服專線：0800-221-029
　　　　　Email：service@bookrep.com.tw
　　　　　郵政劃撥帳號：19504465
　　　　　戶名：遠足文化事業股份有限公司
　　　　　網址：http://www.bookrep.com.tw

法律顧問　華洋法律事務所　蘇文生律師
印　　製　韋懋實業有限公司
初版一刷　2024 年 6 月

I S B N　978-986-508-293-2
定　　價　380 元
著作權所有・翻印必追究　缺頁或破損請寄回更換
特別聲明：本書言論內容，不代表本出版集團之立場與意見。